Elektrizität
in der
Bäckerei
FRITZ JULIAN

Die Elektrizität
im Dienste der Wirtschaft
Heft 1

Elektrizität in der Bäckerei

Von
Dr.-Ing. W. Hensel

M. KRAYN, Technischer Verlag G. m. b. H.
Berlin W 35, Genthiner Straße 32

Inhaltsübersicht

Seite

Anforderungen an eine neuzeitliche Bäckerei 5
Die Elektrizität als Kraftquelle 13
Wahl der Stromart 13
Drehstrommotoren 14
Motorbauart 16
Motorzubehör 17
Gleichstrommotoren 17
Antriebsart 18
Großbetriebe und Kleinbetriebe 20
Mehlaufbereitung 21
Teigbereitung 24
Die Elektrizität als Wärmequelle 35
Verbundöfen 36
Direkt beheizte Tagesstromöfen 37
Wärmespeicheröfen 47
Kühlanlagen 61
Die Elektrizität als Lichtquelle 63

Anforderungen an eine neuzeitliche Bäckerei

Jeder Betrieb ist durch die heutige Wirtschaftslage gezwungen, alle Mittel der neuzeitlichen Technik anzuwenden, um durch verbesserte Arbeitsbedingungen und Arbeitsmethoden wettbewerbsfähig zu bleiben. Als stets bereite Helferin steht die Elektrotechnik jedem Betriebe in so weitgehendem Maße zur Seite, daß sie heute schon eine wirtschaftliche Macht darstellt, deren Fortschritte alle Welt mit Spannung verfolgt und deren Neuerungen wir als Meilensteine unserer Kulturentwicklung zu betrachten gewohnt sind. Tiefgreifende Umwälzungen hat die elektrische Energie auch im Bäckereigewerbe hervorgerufen; zuerst durch die Einführung der elektrischen Beleuchtung, dann durch die Ausbildung des elektrischen Antriebs und in jüngster Zeit durch die Einführung der elektrischen Beheizung. An sich wäre es reizvoll, die Entwicklung der Brotbereitung von biblischen Zeiten an zu verfolgen, in denen das Brot mit den primitivsten Mitteln bereitet wurde, bis zu modernen Bäckereien, bei denen menschliche Hände die Produkte, vom Mehlsack angefangen bis zur Fertigstellung des Backgutes, kaum noch berühren. Das würde jedoch den Rahmen dieses Büchleins überschreiten und soll deshalb auch den dazu berufenen Geschichtsschreibern überlassen bleiben. Hier sollen lediglich die Neuerungen behandelt und begründet werden, die die Elektrotechnik in den letzten Jahren für das Bäckereigewerbe schuf.

Die drei Hauptforderungen, die heute von einer modernen Bäckerei erfüllt sein müssen, lauten:

Sauberkeit, Schnelligkeit, Wirtschaftlichkeit.

Die moderne Betriebsführung in den Bäckereien ist bestrebt, jegliche Arbeitsmethode und Verrichtung, die die Ursache irgendwelcher Verunreinigungen des Backgutes bilden können, zu vermeiden. Keine Energieform bietet aber so wie die Elektrizität die unbedingte Gewähr absoluter *Sauberkeit* (Bild 1), sei es, daß man sie als Kraft-, als Wärme- oder als Lichtquelle benutzt. Die Elektrizität hat sich denn auch schon in größtem Umfange, vor allem in den gewerblichen Betrieben eingeführt, bei denen das Hauptgewicht auf qualifizierte Arbeit gelegt werden muß, weil sie nicht zuletzt durch ihre vielseitige Regulierfähigkeit, präzise Arbeitsmöglichkeit und Sauberkeit alle anderen Energieformen übertrifft. Nur mit ihr ist es möglich, die Teigbereitung, das Aufarbeiten der Gebäckstücke, das Backen und den Verkauf so zu gestalten, daß bei allen diesen Arbeitsgängen Verunreinigungen vollkommen ausgeschlossen werden. Die Reinlichkeit der elektrischen Betriebsführung ist vor allem dadurch gewährleistet, daß nicht nur alle Brenn- und Betriebsstoffe, deren Lagerung und Transport, sondern auch deren Rückstände fortfallen. Der elektrische Betrieb kennt kein Zerkleinern des Holzes, kein Feuermachen, kein Nachheizen, kein Reinigen des Rostes und Schornsteines, kein Wegschaffen der Asche, kein Beschmutzen der Räume, der Maschinen und sonstiger Gegenstände durch Gase, Rauch und Ruß. Diese Vorzüge der Elektrizität werden bereits in so weitgehendem Maße von der Allgemeinheit geschätzt, daß allein die Tatsache der elektrischen Ausrüstung eines Betriebes eine wirkungsvolle Reklame für die betreffende Bäckerei darstellt.

Schnelligkeit in der Zubereitung des Backgutes ist namentlich im Hinblick auf das Nachtbackverbot die zweite wesentliche Bedingung, die eine Bäckerei zur Erzielung höchster Wettbewerbsfähigkeit erfüllen muß. Zweifellos wird der Betrieb den höchsten Absatz erzielen, der die Verbraucher morgens zuerst mit frischer Backware beliefert. Dieses Wettrennen wird aber wiederum nur der zu seinen Gunsten entscheiden können, dessen Arbeitsweise sich durch Einfachheit in der Bedienung der erforderlichen Maschinen und Apparate, leicht auszuübende Kontrolle und die durch beides bedingte Betriebssicherheit auszeichnet. Schon bei der Materialanfuhr beginnt bei größeren Bäckereien der maschinelle Betrieb (Bild 2). Der Elektromotor ist aber in seinem Aufbau die einfachste Antriebsmaschine, die wir kennen, und die der geringsten Wartung bedarf (Bild 3). Da auch die Inbetriebsetzung des Elektromotors die denkbar einfachste ist und nur in dem Einrücken des Schalthebels besteht, so kann man sie getrost jedem ungelernten Arbeiter oder jedem Lehrling überlassen, ohne-

Bild 1. **Blick in eine moderne Großbäckerei mit elektrisch angetriebenem und beheiztem Tunnel-Backofen. Kein Rauch, kein Ruß, keine Asche! Vollendete Sauberkeit zeichnet den Betrieb aus.**

befürchten zu müssen, daß die Maschine Schaden nimmt. In gleich bequemer Weise lassen sich die elektrisch beheizten Backöfen bedienen, die, zumal bei Verwendung des Prinzips der Wärmespeicherung durch billigen Nachtstrom, schon am frühen Morgen sofort betriebsbereit stehen. Somit kann die Zeit, die zum An- und Aufheizen erforderlich war, zum Aufbereiten des Teiges verwendet werden. Das sichert einen bedeutenden Vorsprung gegenüber der Konkurrenz, die mit anderen Heizmitteln arbeitet. Die sicherste Kontrolle über die gesamte Anlage vermittelt ein Blick auf die stromanzeigenden Instrumente, so daß der Meister den gesamten Betrieb stets fest in der Hand hält. So erweist sich die Elektrizität auch bezüglich der Schnelligkeit als bereitwillige und zugleich beste Helferin der Bäckerei.

Bild 2. **Getreideanfuhr und -Entladung mit Hilfe eines Elevators.**

Den entscheidenden Faktor aber bildet die *Wirtschaftlichkeit* einer Anlage. Diese hängt von den Anschaffungs-, Unterhaltungs- und Betriebskosten unter entsprechender Berücksichtigung der Verzinsung und Tilgung des Anlagekapitals ab. Die Erkenntnis der Wirtschaftlichkeit des elektrischen Licht- und Kraftbetriebes hat sich heute in den weitesten Kreisen schon so überzeugend durchgesetzt, daß es überflüssig erscheint, an dieser Stelle nochmals näher darauf einzugehen. Eine gewisse Unklarheit scheint hingegen noch über die Wirtschaftlichkeit elektrisch beheizter Backöfen zu herrschen.

Zunächst liegt der Anschaffungspreis eines elektrisch beheizten Backofens nicht wesentlich höher als der eines Backofens gleicher Leistung, der durch irgendein anderes Heizmittel betrieben wird. Hingegen sind die Unterhaltungskosten eines elektrisch beheizten Ofens geringer als die eines Ofens anderer Bauart. Bei der allgemein vergleichenden Erörterung dieser Art Unkosten ist die Behauptung zu vertreten, daß sich die Jahresausgaben für Kapitaldienst und Reparaturen zusammengenommen bei allen Heizarten ungefähr die Wage halten werden, so daß sie hier vernachlässigt werden können. Somit rücken die Betriebskosten in den Vordergrund der Betrachtung, die dann auch für die Beurteilung der Wirtschaftlichkeit die ausschlaggebende Rolle spielen.

Von vornherein sei darauf aufmerksam gemacht, daß die reinen Brennstoffkosten nicht als Gesamtbetriebskosten gewertet werden dürfen, da der elektrische Betrieb eine Fülle von Nebenarbeiten erspart, die vielfach in den meisten Kostenaufstellungen mehr oder weniger absichtlich übersehen werden und auf die im folgenden noch näher einzugehen sein wird.

Durch Ersatz der Kohlenheizung entfällt die Herbeischaffung und Lagerung des Brennmaterials, somit werden Arbeitskräfte erspart. Die bei Kohlenheizung unvermeidlichen Verluste fallen bei elektrischer Beheizung fort, desgleichen auch die Heizkamine, die die Quelle vieler Verärgerungen bilden und zuweilen empfindliche finanzielle Schäden verursachen. Beim elektrischen Betrieb gibt es kein Vorschuß- und Nachschußbrot, sondern stets nur vorzügliches gleichmäßiges, rösches Gebäck (Bild 4). Ferner fallen alle Nebenarbeiten, wie Reinigen des Rostes, Wegschaffen der Asche usw. fort. Beim Backen kleinerer Mengen Backgutes kann jeder Herd unabhängig von den anderen in Betrieb genommen werden, so daß unwirtschaftliches Arbeiten durch Mitheizen nicht benötigter Backflächen vermieden wird.

Bild 3. **Der elektromotorische Antrieb des Elevators Bild 2.**

Die erzeugte Wärme wird beim elektrischen Backofen voll ausgenutzt, im Gegensatz zu anderen Heizmitteln, bei denen sie zum Teil unausgenutzt durch den Kamin entweicht. Endlich werden Verluste und Ärger durch minderwertige Lieferungen des Heizmaterials, durch den Einfluß der Witterung auf den Zug und durch unachtsames Heizen vermieden, weil der Strom hiervon unabhängig ist und nicht in minderwertiger Beschaffenheit geliefert werden kann, zumal der Zähler nur die tatsächlich verbrauchte elektrische Arbeit angibt.

Endlich wird eine nicht zu unterschätzende Annehmlichkeit dadurch erzielt, daß die Stromrechnung, nicht wie die Kohle vor dem Gebrauch, sondern erst hinterher zu begleichen ist.

Obwohl es sich hierbei um unmittelbare Ersparnisse bei der elektrischen Heizung handelt, lassen sie sich für den allgemeinen Fall gar nicht und im Einzelfall nur schwer zahlenmäßig erfassen. Dies ist noch weniger möglich bei den früher erwähnten Vorteilen auf hygienischem, betriebstechnischem und geschäftlichem Gebiet. Deswegen kann nicht genug davor gewarnt werden, oberflächlichen Kostenaufstellungen, die nicht alle diese Faktoren berücksichtigen, irgendwelche Beachtung zu schenken, zumal, wie obige Ausführungen beweisen, ein Vergleich der reinen Heizungskosten ein schiefes, zuungunsten der Elektrizität verschobenes Bild ergibt. Unter keinen Umständen darf sich ein Betriebsleiter durch Zahlen, in denen lediglich die Heizkosten berücksichtigt sind, zu seinem eigenen Schaden täuschen lassen. Ein hier gemachter Fehler wird überhaupt nicht oder nur unter großen Opfern wieder gutzumachen sein, da man sich nur schwer wird entschließen können, eine so kostspielige Anlage, wie sie die Einrichtung einer Bäckerei nun einmal darstellt, durch eine andere zu ersetzen, selbst dann, wenn die Praxis mit unerbittlicher Klarheit beweist, daß die Basis der ursprünglich angestellten Kostenberechnungen falsch war.

Da die Bäckereibetriebe zu den wertvollen Stromabnehmern gehören, sind die meisten Elektrizitätswerke bereit, den Strom zur Beheizung elektrischer Backöfen zu Vorzugspreisen abzugeben, vor allem, wenn es sich unter Verwendung der Wärmespeicherbacköfen um den Bezug von Nachtstrom handelt. Das hat seine Berechtigung kurz in folgendem: Die tägliche Belastungskurve der Elektrizitätswerke ist starken Schwankungen ausgesetzt; mit anderen Worten: zu gewissen Stunden eines Tages wird viel Strom, zu anderen weniger abgenommen; der geringste Strombedarf liegt während der Nachtstunden vor. Die Anlagen der Elektrizitätswerke, sowohl für Stromerzeugung als auch für Stromverteilung, müssen aber für die jeweilige Höchstbelastung ausreichend bemessen sein, so daß sie während der weitaus größten Zeit nicht voll ausgenutzt werden können. Deswegen müssen die Elektrizitätswerke, um wirtschaftlich arbeiten zu können, vor allem

Bild 4. **Vorzügliches Gebäck durch gleichmäßige Hitzeverteilung, gewährleistet durch feinstufige Regulierbarkeit der Ober- und Unterhitze.**

darauf bedacht sein, die „Täler" ihrer Belastungskurven auszufüllen, und werden mit Rücksicht hierauf nachts den Strom besonders preiswert abgeben. Da auch Maschinen und Apparate gleichmäßigen Strombedarfs während längerer Dauer geeignet sind, ausgleichend auf die Belastung zu wirken, werden außer für Wärmespeicherbacköfen auch für solche mit unmittelbarer Beheizung besonders günstige Preise gewährt. Dieser Umstand ergibt die Wirtschaftlichkeit des rein elektrischen Betriebes in der Bäckerei.

Bei der Verschiedenartigkeit der Fälle lassen sich allgemein gültige Zahlen über die Höhe der reinen Stromkosten allerdings nur schwer nennen. Immerhin seien im folgenden unter

Vernachlässigung der oben ausführlich dargelegten Ersparnisse, die durch den elektrischen Betrieb mittelbar und unmittelbar zu erzielen sind, einige Angaben gemacht, die wenigstens einen angenäherten Vergleich der reinen Heizkosten der verschiedenen Systeme gestatten. Auf Grund einwandfreier Messungen in einer größeren Anzahl deutscher Bäckereien wurde der Bedarf an elektrischer Arbeit für 100 kg Backware durchschnittlich zu 50 kWh ermittelt. Zu berücksichtigen ist, daß es sich hierbei zum Teil um Öfen älterer Konstruktion handelte. Die Wärmeisolierung der modernen elektrischen Backöfen ist heute jedoch schon soweit durchgebildet, daß die Zahl von 40 kWh für 100 kg Brot als eine gute Mittelzahl für Anlagen gelten kann, bei denen der Ofen gut ausgenutzt und nicht zu klein ist. Damit ist ein Anhalt für die Ermittlung des Preisverhältnisses der reinen Heizstoffe gegeben, das in den einzelnen Betrieben natürlich je nach den örtlichen Verhältnissen verschieden ausfallen wird. Von der Art des Betriebes wird es dann abhängen, in welcher Höhe alle die genannten Vorzüge der elektrischen Beheizung in Rechnung gestellt werden müssen. Tatsache ist, daß den mannigfaltigen qualitativen Vorzügen des elektrischen Backverfahrens eine ausschlaggebende Bedeutung für seine Wirtschaftlichkeit zukommt, auch wenn die reinen Beheizungskosten vielleicht ein Mehrfaches anderer Heizarten betragen. Der geringe Prozentsatz der Kohlekosten am Preis der Backware ist eben nicht zuletzt bedingt durch den erheblichen Anteil von Nebenkosten und Verlusten, die der auf den ersten Blick teuer scheinende elektrische Betrieb vermeidet.

In den nächsten Kapiteln sollen nun die verschiedenen Verwendungsmöglichkeiten der Elektrizität im Bäckereigewerbe etwas näher betrachtet werden.

Die Elektrizität als Kraftquelle

Wahl der Stromart.

Von allen Motorarten erfüllt der Elektromotor allein alle Bedingungen, die an eine für die Bäckerei brauchbare Antriebsmaschine gestellt werden müssen. Der Kraftbedarf einer Bäckerei, auch größerer Tagesproduktion, ist im Verhältnis zu anderen Betrieben verhältnismäßig gering, des weiteren ist in der Bäckerei mit stark aussetzendem Betrieb zu rechnen. Deshalb fallen hauptsächlich die Anschaffungskosten und deren Verzinsung und Amortisation ins Gewicht, die bekanntlich beim Elektromotor ungleich geringer sind als bei anderen Motorarten. Ferner muß die Bedienung der Maschine besonders einfach sein, um die Kosten für geschultes Personal zu sparen. Das bedingt aber wieder einen einfachen und robusten Aufbau der Antriebsmaschine, die sich dem wechselnden Kraftbedarf der angetriebenen Arbeitsmaschine möglichst weitgehend anpaßt. Um nun das anzustrebende Ziel geringer Anschaffungskosten bei hoher Betriebssicherheit und Wirtschaftlichkeit voll zu erreichen, muß sich auch der Bäckereifachmann über die Bauart und die Eigenschaften der Elektromotoren hier wenigstens soweit unterrichten, als es für die Entscheidungen über die Größe und Auswahl der Motoren geboten erscheint.

In der Praxis werden meist zwei Stromarten verwendet: 1. Gleichstrom und 2. dreiphasiger Wechselstrom, kurz Drehstrom genannt. Während die Stromrichtung beim Gleichstrom stets dieselbe bleibt, ändert sie sich bei dem gebräuchlichsten Wechselstrom hundertmal in der Sekunde. Bezeichnet man einen Hin- und Hergang mit einer Periode, so ergibt sich also ein 50periodiger Wechsel- bzw. Drehstrom.

Grundsätzlich sind der Drehstrom- und der Gleichstrom-Motor zum Antrieb der Arbeitsmaschinen in der Bäckerei gleicherweise geeignet. Stehen beide Stromarten zur Verfügung, so wird man den Drehstrom mit Rücksicht auf die einfachere Bauart des Motors wählen (Bild 5). Die Gleichstrom-Motoren besitzen zwar den Vorteil einer besseren und wirtschaftlicheren Regulierbarkeit, dieser Vorteil kann jedoch in der Bäckerei nicht zur Geltung kommen, weil die Umdrehungszahl der Arbeitsmaschine ebenso betriebssicher auf mechanischem Wege geregelt werden kann. Das trifft sowohl für die Misch- und Knetmaschine als auch für den elektrisch betriebenen Vorwärmer und Kettenofen zu. Die gebräuchlichsten Spannungen betragen für Drehstrom 220/380 Volt, für Gleichstrom 220 Volt.

Bild 5. **Normaler Drehstrom-Schleifring-Motor in offener Bauart.**

Drehstrom-Motoren.

Der Drehstrom-Asynchronmotor besteht im wesentlichen aus dem feststehenden Teil, dem Ständer, und dem sich drehenden Teil, dem Anker. Das gußeiserne Gehäuse trägt, wie Bild 6 zeigt, den elektrisch wirksamen Eisenkörper, der aus isolierten Eisenblechen von besonderen magnetischen Eigenschaften besteht und die vom Drehstromnetz gespeiste Wicklung enthält. Der fest auf die Welle gepreßte, gleichfalls aus isolierten Eisenblechen bestehende Anker, in dessen Wicklung ein Strom vom Ständer aus erzeugt wird, kann einmal als Kurzschlußanker, zum anderen als Schleifringanker ausgebildet werden. Die einfachste Bauart stellt der Kurzschlußmotor dar, dessen Anker im wesentlichen aus Kupferstäben besteht, welche in den Löchern des Ankereisens eingebettet und an den Stirnflächen durch Kurzschlußringe leitend miteinander verbunden sind (Bild 7). Zum Anlassen dieser Motoren wird ein besonderer Anlasser nicht benötigt. Hierbei kann jedoch der im Netz auftretende Anlaufstrom etwa das sechs- bis siebenfache der normalen Stromstärke des Motors betragen, wobei ein Anzugs-

Bild 6. **Gehäuse eines Drehstrommotors.**

moment entwickelt wird, das ungefähr gleich dem normalen Drehmoment ist. Natürlich wird die Höhe des Anlaufstromes, sofern dieser durch besondere Hilfsmittel nicht in Größe oder Zeit begrenzt wird, mit wachsender Motorleistung immer unangenehmer in Erscheinung treten, so daß die Anschlußmöglichkeit dieser Motoren beschränkt ist. In Bäckereien beträgt jedoch der durchschnittliche Kraftbedarf selten mehr als 2 bis 5 PS, so daß einer ausgedehnten Anwendung des Drehstrom-Kurzschlußmotors mit Rücksicht auf die Anlaufstromstärke im allgemeinen keine Bedenken entgegenstehen werden.

Bild 7. **Kurzschlußanker.**

Ist der hohe Anlaufstrom trotzdem unerwünscht, so wird man zum Schleifringankermotor greifen, wie ihn Bild 5 schon darstellte. Der Anker dieses Motors wird nicht mit Kupferstäben ausgerüstet, sondern erhält eine Wicklung, ähnlich dem Ständer, deren Enden zu den auf der Welle befestigten Schleifringen führen (Bild 8). Der Motor wird dann derart angeschlossen, daß man den Ständer direkt an das Netz legt, während die auf den Schleifringen liegenden Bürsten durch einen Anlasser über einen Widerstand verbunden werden, der nach und nach mit zunehmender Geschwindigkeit des Läufers kurzgeschlossen wird. Um selbst den geringsten Verschleiß der Bürsten zu vermeiden, werden die Schleifringe nach dem Kurzschließen der Widerstände durch eine Kurzschluß- und Bürstenabhebevorrichtung direkt miteinander verbunden und die Bürsten abgehoben.

Will man auf eine Regulierung der Umdrehungszahl nicht verzichten, so läßt man die Bürsten auf den Schleifringen liegen und schaltet je nach der gewünschten Tourenzahl Widerstände zu oder ab. Die Ausführung des Motors mit Regulierschleifringanker bedingt jedoch eine etwas kräftigere Bauart auch des Anlassers. Ferner ist mit dieser Regulierungsweise ein Energieverlust verbunden, der nur dann nicht ins Gewicht

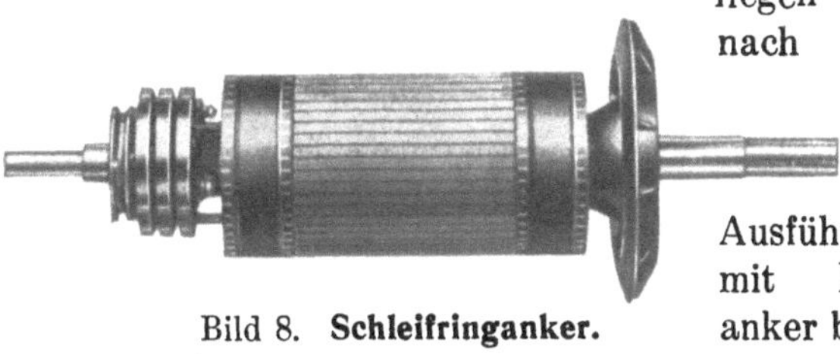

Bild 8. **Schleifringanker.**

fällt, wenn eine Tourenverminderung in geringfügigen Grenzen oder nur vorübergehend stattfindet.

Eine verlustlose Regulierung auf zwei oder mehrere feste Drehzahlen läßt sich auch bei Verwendung des polumschaltbaren Drehstrommotors erzielen, der zu diesem Zweck eine Wicklung besonderer Anordnung oder mehrere Wicklungen besitzt. Diese Motoren konnten sich in deutschen Bäckereien im Gegensatz zu den amerikanischen wegen der höheren Anschaffungskosten weniger einführen; sie seien deshalb nur der Vollständigkeit halber erwähnt.

Bild 9. **Drehstrommotor mit außenliegenden, gekapselten Schleifringen.**

Motorbauart. Die einfache, offene Ausführung der Motoren wird in den meisten Fällen genügen. Der trockene Mehlstaub kann der Motorwicklung nichts anhaben, wenn er nur von Zeit zu Zeit gründlich ausgeblasen wird. Die Lager können durch massive Schmierlochdeckel und besondere Lagerdichtung hinreichend gegen den Staub geschützt werden.

Sollen Schleifringankermotoren in staubhaltigen Räumen aufgestellt werden, so empfiehlt sich die Anwendung außenliegender gekapselter Schleifringe, wie Bild 9 darstellt. Diese Sicherung gegen trockenen Mehlstaub hat sich bei guter Wartung als vollkommen ausreichend erwiesen, zumal die geschlossene Ausführung des Motors, wie sie Bild 10 zeigt, auch keinen vollkommenen Schutz gegen Staub gewährleistet. Das hat seinen Grund darin, daß sich die Luft im Motorinnern während des Betriebes erwärmt und ausdehnt, so daß der feine Staub bei der Abkühlung während des Stillstandes gerade in das Motorinnere hineingezogen wird. Erfahrungsgemäß wird ein geschlossener Motor

Bild 10. **Drehstrom-Schleifringmotor in geschlossener Bauart.**

aber erst dann nachgesehen, wenn ein Defekt bereits eingetreten ist. Die geschlossene Ausführung kann also eine Verschmutzung des Motorinnern durch Staub zwar verzögern, nicht aber verhindern. Dieser Vorteil ist aber nicht so groß, daß hierdurch die höheren Anschaffungskosten gerechtfertigt erscheinen, die besonders dadurch ins Gewicht fallen, daß die Motorkapselung die Verwendung einer bedeutend größeren Type bedingt. Deshalb ist die Anschaffung eines vollkommen geschlossenen Motors nur dann zu empfehlen, wenn der Aufstellungsort des Motors außer Staub auch noch andere Verschmutzungen durch Teigspritzer, Feuchtigkeit o. dgl. erwarten läßt.

Bild 11. **Anlasser mit Ölkühlung.**

Motorzubehör. Einen viel verwendeten Anlasser stellt Bild 11 dar. Metallanlasser werden mit oder ohne Ölfüllung für normalen Betrieb im allgemeinen ausreichend sein, während die stabilere Bauart der Schaltwalzenanlasser für häufige und stark beanspruchende Inbetriebnahme vorteilhafter ist.

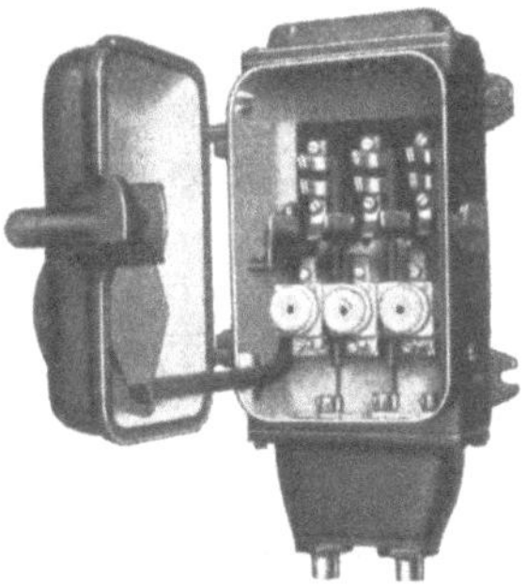

Bild 12. **Gußeiserner Motorschaltkasten mit normalem Hebelschalter u. Sicherungen.**

Im allgemeinen legt man den Drehstrom-Motor durch gewöhnliche Hebel- oder Walzenschalter an das Netz. Diese werden in modernen Betrieben mehr und mehr durch die kleinen gußeisernen Motorschaltkästen, die gleichzeitig die Sicherungen enthalten und vollkommen staub- und wasserdicht geschlossen sind, verdrängt (Bild 12). Bild 13 zeigt die Innenansicht eines Motorschutzschalters mit selbsttätiger Auslösung, der zweckmäßig für Motoren mit schweren Anlaufbedingungen verwendet wird.

Gleichstrom-Motoren.

Endlich sei noch kurz auf den Gleichstrommotor eingegangen. Dieser besteht aus dem stehenden Gehäuse, das die Feldmagnete trägt, und dem Anker, der sich vom Drehstromanker durch den Kollektor unterscheidet, eine blanke, aus zahlreichen isolierten Teilen bestehende Kupfertrommel, auf der die Bürsten aufliegen (Bild 14). Je nachdem die Magnetwicklung in Reihe oder im Nebenschluß zum Anker geschaltet ist, unterscheidet man Hauptschluß- und Nebenschlußmotoren. Die Zwischenstufe zu beiden bilden die Kompoundmotoren, bei denen die Magnetpole teils durch Haupt-, teils durch Nebenschlußstrom erregt werden. Der charakteristische Unterschied liegt darin, daß der Nebenschlußmotor unabhängig von der jeweiligen Belastung die Umdrehungszahl nahezu konstant hält, während sich die des Hauptstrommotors mit abnehmender Belastung erhöht. Für Bäckereien dürften nur Nebenschluß- und Kompoundmotoren in Frage kommen. Angelassen wird der Gleichstrommotor mit Hilfe eines in den Ankerkreis eingeschalteten Widerstandes, der mit zunehmender Drehzahl nach und nach kurzgeschlossen wird. Läßt man — ähnlich wie beim Drehstrom-Schleifringmotor — Ankerwiderstände vorgeschaltet, so behält der Motor eine niedrigere Drehzahl. Diese Ankerregulierung ist jedoch ebenfalls mit Energieverlust verbunden. Deshalb wählt man hier nach Möglichkeit stets die praktisch verlustlose Nebenschlußregulierung.

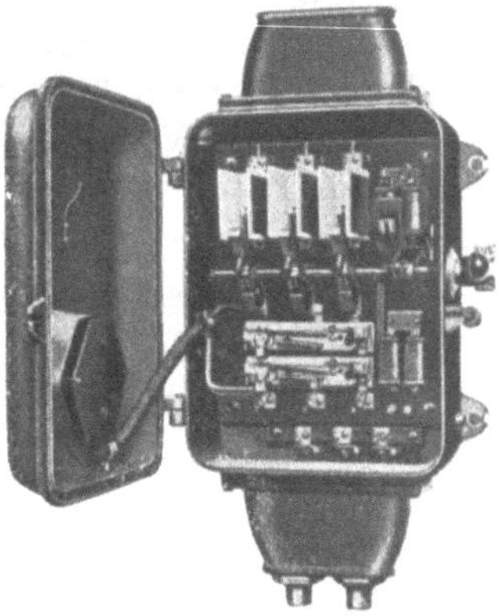

Bild 13. **Motorschutzschalter mit selbsttätiger Auslösung.**

Das bereits oben über Anlasser und Schalter Gesagte ist sinngemäß auch für Gleichstrommotoren gültig.

Antriebsart.

Bei der Verwendung der Dampfmaschine oder des Explosionsmotors waren zum Antrieb der Arbeitsmaschinen Transmissionen erforderlich, da man natürlich nur eine Kraftmaschine aufstellen konnte und alle Maschinen mit ihr betreiben mußte. Dieses Verfahren ist nicht nur unwirtschaftlich wegen der großen Reibungs- und sonstigen Energieverluste, sondern ihm haften weitere, sogleich zu erörternde Mängel an. Bei elektrischem

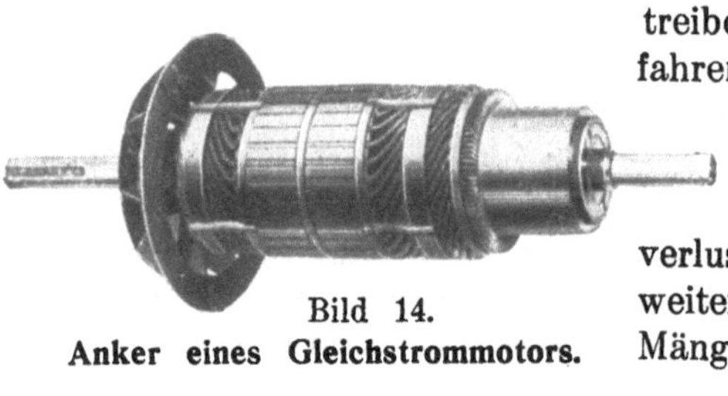

Bild 14.
Anker eines Gleichstrommotors.

Betrieb lassen sie sich sämtlich dadurch vermeiden, daß man statt eines großen Motors mehrere kleinere wählt und sie direkt mit den verschiedenen Arbeitsmaschinen kuppelt. Zweifellos hat sich der Einzelantrieb in allen modernen Betrieben schon weitgehend durchgesetzt und hat den Transmissionsantrieb mehr und mehr verdrängt, und zwar so weit, daß auch Gruppenantrieb nur noch beim Umbau älterer Anlagen in Frage kommen sollte, bei denen man an die örtlichen Verhältnisse gebunden ist. Bei Neuanlagen wird man den Einzelantrieb schon deswegen vorsehen, weil das Gebäude andernfalls infolge des Gewichts der Lagen, Wellen und Riemen sowie des Riemenzugs in seiner Konstruktion bedeutend kräftiger gehalten sein muß, was natürlich von ganz erheblichem Einfluß auf die Herstellungskosten ist. Die bereits erwähnten drei Hauptforderungen, die an eine moderne Bäckerei gestellt werden müssen, Sauberkeit, Schnelligkeit, Wirtschaftlichkeit, weisen gerade hier auf den Einzelantrieb hin. Die staubaufwirbelnden Riemen müssen aus Reinlichkeitsgründen nach Möglichkeit ebenso umgangen werden wie die hochgelegenen Transmissionslager, bei denen ein Abtropfen des Öles nur schwer vermieden werden kann. Ferner können die Maschinen so aufgestellt werden, daß sie von der Backware ohne jeden Umweg ununterbrochen durchlaufen werden können (Bild 15). Die Anpassungsfähigkeit an die jeweiligen Arbeitsverhätnisse wird auch dann angenehm empfunden werden, wenn eine Veränderung im Arbeitsgang wünschenswert erscheint. Mehrere kleine Motoren kosten zwar mehr als ein großer; das wird aber

Bild 15. **Einzelantrieb von Hörnchenwickelmaschinen. Rechts im Hintergrunde ein elektrisch beheizter Schmalzkuchenofen.**

reichlich aufgewogen durch eine leichtere Bauart des Gebäudes und durch den Fortfall der Transmission, zumal die Arbeitsmaschinen nicht zentral aufgestellt sind, sondern sich bei großen Bäckereien mitunter auf drei bis vier Stockwerke verteilen. Die Verluste einer so umfangreichen Transmission sind im Hinblick auf den geringen Kraftbedarf einer Bäckerei wenigstens mit 40 bis 50 % der gesamten Motorleistung anzusetzen. Endlich ist zu beachten, daß auch in größeren Bäckereien nur sehr selten alle Maschinen gleichzeitig, sondern meist nacheinander arbeiten; so werden z. B. die Teigmischmaschinen täglich geraume Zeit eher beginnen müssen als die zum Versand evtl. erforderlichen Packmaschinen. Die Folge ist, daß der Transmissionsmotor während langer Dauer nur unter Teilbelastung läuft, was einen schlechteren Wirkungsgrad und einen schlechteren Leistungsfaktor bedingt, ein Nachteil, der beim Einzelantrieb durch richtige Größenwahl vermieden werden kann. Läßt sich deshalb der Gruppenantrieb der örtlichen Verhältnisse wegen nicht umgehen, so ist aus den dargelegten wirtschaftlichen Gründen eine so weitgehende Unterteilung vorzunehmen, daß jeweilig nur eine Gruppe in sich zusammengehöriger Arbeitsmaschinen von einem gemeinsamen Motor angetrieben wird. Auf welche Weise der Antrieb der einzelnen Arbeitsmaschine durchzuführen ist, soll nun Gegenstand der folgenden Kapitel sein.

Großbetriebe und Kleinbetriebe.

Die Herstellung der Backware in Großbäckereien hat in Deutschland bisher nur wenig Anhänger gefunden, und die Umstellung von der Kleinbäckerei zur Brotfabrik stößt nicht nur auf seiten der unmittelbar interessierten Gewerbetreibenden, sondern in gewissem Sinne auch auf seiten der Verbraucherkreise, die je nach der Gegend an eine bestimmte Lieferform gewöhnt sind, auf Widerstände. Trotzdem dürfte es sich empfehlen, die Entwicklung dieser Industrie nicht nur in Deutschland, sondern auch in anderen Ländern — namentlich in Amerika und England — mit Aufmerksamkeit zu verfolgen und die dort gesammelten technischen Erfahrungen auch für den deutschen Bäckerei-Kleinbetrieb zu nutzen. Der Hauptvorteil des maschinellen Betriebes liegt, wie bei den übrigen Gewerben auch, in der außerordentlichen Verbilligung der Produktion durch den Wegfall der Handarbeit. Der maschinelle Betrieb hat ferner eine bedeutend bessere Ausnutzung der Ergiebigkeit des Mehls und eine beträchtliche Qualitätssteigerung zur Folge. Daß auch die Herstellungskosten der Backware durch die Erleichterung und Verkürzung der Arbeit erheblich vermindert werden, hat für den Kleinbetrieb genau so ausschlaggebende Bedeutung, für die Bäckereien auf dem Lande wie in der Stadt. Denn warum sollte all das, was dem Großbetrieb Gewinn bringt, nicht auch für den Kleinbetrieb praktisch und förderlich sein? Selbstverständlich kann die Rationalisierung des Arbeitsvorganges im Kleinbetrieb wegen der Kleinheit des Umsatzes über eine gewisse Grenze nicht hinausgehen; jedoch werden heute alle Bäckereien, und seien sie noch so klein, ganz ohne elektrisch angetriebene Arbeitsmaschinen nicht auskommen können, wenn sie jene Stufe der Leistungsfähigkeit erreichen wollen, die heute in bezug auf Reinlichkeit des Betriebes und Qualität der Backware von den Verbraucherkreisen mit Fug und Recht gefordert wird. Wie weitgehend die Rationalisierung der jeweiligen Bäckereibetriebe zweckmäßigerweise durchgeführt wird, kann natürlich nur von Fall zu Fall entschieden werden; kostenlose fachmännische Beratung wird hier aber jederzeit von den zuständigen Elektrizitätswerken gewährt werden.

Wenn auch im folgenden nicht alle auf dem Markt befindlichen Bäckerei- und Konditoreimaschinen behandelt werden können, so soll doch versucht werden, durch Besprechung der wichtigsten die Aufmerksamkeit auf die mannigfaltigen Vorzüge des maschinellen Betriebes zu lenken und Anregungen zur Ausnützung der auf diesem Gebiete bisher gesammelten technischen Erfahrungen zu geben.

Mehlaufbereitung.

Das in Säcken in den Lagerraum der Bäckerei gebrachte Mehl muß zunächst von Fremdkörpern befreit und aufgelockert werden. Das erweist sich nicht nur in hygienischer Beziehung als unbedingt erforderlich, sondern beugt auch unliebsamen Betriebsstörungen während des Fabrikationsganges durch Beschädigung anderer noch zu durchlaufender Arbeitsmaschinen vor. Ferner wird hierdurch die Teigausbeute nicht unwesentlich erhöht. Hinzu kommt eine weitere Mehlersparnis durch Vermeidung des lästigen Staubens, da das Sieben in geschlossenen Maschinen vor sich geht.

Für kleinere und mittlere Betriebe erscheint hiernach die Aufstellung einer Bürsten-Siebmaschine empfehlenswert, wie sie z. B. Bild 16 zeigt. Diese besteht im wesentlichen aus einem Holzkasten, in dem sich eine drehbare Welle mit aufgeschraubten Längsbürsten befindet. Diese paßt genau in ein halbrundes Sieb, welches den Boden des Kastens bildet. Das Mehl wird oben hineingeschüttet und durch die Drehung der Bürsten mitgenommen. Alle weichen Klumpen werden zerdrückt und fallen mit dem Siebgut unten aus der Maschine heraus, während alle harten Klumpen und etwaiger Abfall durch eine seitliche Öffnung an der Maschine ausgeschieden werden. Die Leistung einer solchen Maschine beträgt je nach Größe 200 bis 1500 kg Mehl in der Stunde, ihr Kraftbedarf etwa $^1/_4$ bis $^1/_2$ PS.

Bild 16. **Bürstensiebmaschine.**

Wohl in den allermeisten Fällen werden vor dem Verbacken verschiedene Sorten Mehl in trockenem Zustande miteinander vermischt. Für größere Betriebe empfiehlt es sich daher, die Misch- und Siebmaschine miteinander zu vereinigen. Eine solche Maschine stellt Bild 17 dar. Das Mehl wird hierbei, gewöhnlich durch Elevatoren, in den Trichter gefüllt, fällt in den Mischzylinder, wo es durch zweckmäßig geformte Schaufeln innig vermischt wird. Von hier wird es mittels Registerschiebers, der in der ganzen Troglänge angebracht ist und ganz oder teilweise geöffnet werden kann, auf ein in Schüttelbewegung befindliches Flachsieb geleitet. Von da fällt es in den untergebauten Sammeltrichter und kann entweder unmittelbar in Säcken abgefangen oder in die mit der Maschine verbundenen Silos gebracht werden. Die abgebildete Maschine faßt 500 kg Mehl, braucht zum Mischen und Sieben einschließlich Auffüllung und Entleerung etwa 10 Minuten bei einem Kraftverbrauch von 1—1,5 PS.

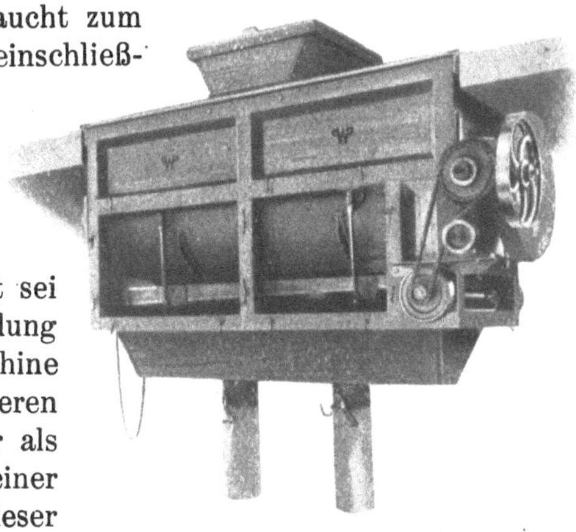

Bild 17. **Mehl-Misch- und Siebmaschine. Türen an der Vorderwand geöffnet.**

Bei dieser Gelegenheit sei auch auf die Verwendung der Sack-Ausklopf-Maschine aufmerksam gemacht, deren Kraftbedarf nicht mehr als $^1/_4$ PS beträgt. In einer Minute kann man mit dieser Maschine (Bild 18), die sich bald bezahlt macht, zwei bis drei Säcke gründlich von allem Mehlstaub reinigen; das mit sieben Klopfern ausgestattete Klopfwerk wird durch Öffnen und Schließen ein- und ausgeschaltet. Wenn auch diese Maschine naturgemäß nur vorübergehend benutzt werden kann, so ist sie doch auch dem Kleinbetrieb zu empfehlen. Mit ihr wird die unangenehme Staubentwicklung vermieden, da die Säcke in der geschlossenen Maschine ausgeklopft werden und das Staubmehl in eine Schublade fällt.

Bild 18. **Sackausklopfmaschine.**

Bevor das Mehl in die Teigmischer kommt, wird es nochmals gesiebt, wenn es die Lagerbehälter verläßt, da während des Transports innerhalb der Bäckerei und während der Lagerung immerhin noch Verunreinigungen in das Mehl kommen können. Meistens treibt ein gemeinsamer Motor mit fester Umdrehungszahl die organisch zusammengehörenden Sieb- und Mischmaschinen sowie die dazugehörigen Elevatoren an. Je nach der Größe der Anlage kommt man hierbei mit einem Motor von 2 bis 7 PS aus. Vielfach wird auch eine Druckknopfsteuerung vorgesehen, damit der Motor entweder direkt vom Mischer oder vom Mehllagerraum aus bedient werden kann.

Teigbereitung.

Die eigentliche Bäckerarbeit beginnt mit der Heranschaffung des Mehles vom Lagerbehälter zum Mischer. Hierbei wird das Mehl über eine Wage geleitet, welche das Gewicht der den Lagerraum verlassenden Mehlmenge feststellt. Vielfach werden hierzu auch automatische Wagen verwandt, auf die jedoch hier nicht näher eingegangen werden soll. Erwähnt sei nur, daß die automatische Regulierung der Wage mittels eines Wagebalkens erfolgen kann, der den Stromzufluß zum Motor des Schraubenelevators, durch den das Mehl vom Lagerbehälter zum Mischer gebracht wird, unterbricht, wenn die vorgeschriebene Mehlmenge entnommen ist.

Bild 19. **Knet- und Mischmaschine mit direkt gekuppeltem Motor in Arbeitsstellung.**

Nachdem Mehl und Wasser abgewogen und die Zutaten hinzugefügt worden sind, wird der Teig im Mischer verarbeitet. Dieser stellt einen besonders wichtigen Teil der Einrichtung einer Bäckerei dar und sollte selbst in den kleinsten Betrieben nicht fehlen. Die Bauart der Mischmaschinen unterscheidet sich hauptsächlich durch die Anordnung der Mischflügel, des Antriebes und der Entleerungsvorrichtung. Neben ihrer Aufgabe, den Teig zu einer homogenen Masse zu verrühren, soll die Mischmaschine vor allem auch die Tätigkeit der Hefezellen anregen und das durch diese erzeugte Gas zusammenhalten, damit der Teig genügend elastisch und fest genug wird. Eine gute Mischmaschine muß deshalb in erster Linie die Eigenschaft besitzen, den Teig vermittels der Mischflügel so zu wälzen, zu kneten und zu strecken, daß bei möglichst geringen Verlusten der Gärprozeß zu seiner günstigen Wirkung gebracht wird. Eine häufig verwendete Bauart zeigt Bild 19. Die Arbeitsweise dieser Maschinen ist genau dem Vorgang der

Handarbeit nachgebildet. Bild 20 zeigt die vom Knetarm während der Arbeit beschriebene Bahn. Der Knettrog besteht aus einer runden, bei der Teigbereitung um ihren Mittelpunkt sich drehenden Schale, die nach Beendigung des Arbeitsganges herausgefahren werden kann. Da nur ein Teil des Teiges vom Kneter erfaßt wird, hat der übrige Teig Zeit, sich zusammenzuziehen, wodurch besonders Weißbrotteige an Güte gewinnen. Meist wird die Maschine mit Schalendeckel geliefert, der jedoch bei den Abbildungen fortgelassen ist, um den Kneter zu zeigen. Das Fassungsvermögen der abgebildeten Maschine beträgt etwa 160 kg Teig. Sie wird von einem direkt gekuppelten Motor von 1,5 PS Leistung angetrieben. Diese Art Mischmaschinen werden bis zu einem Fassungsvermögen von 1000 kg Teig gebaut, wobei sich ihr Kraftbedarf auf etwa 8 PS stellt.

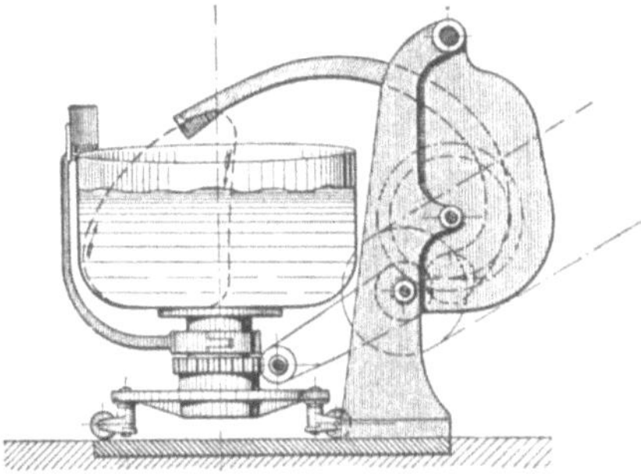

Bild 20. **Schematische Darstellung der vom Knetarm beschriebenen Bahn.**

Besonders bewährt haben sich auch Knetmaschinen, die nach dem Parallelschaufelsystem arbeiten (Bild 21); namentlich bei Hartteigen ist eine ebenso schnelle wie gründliche Knetung gewährleistet. Die Knetflügel werden über ein doppeltes, zu beiden Seiten der Maschine angeordnetes Rädervorgelege am besten durch eingebauten Elektromotor angetrieben. Da die Maschine für Vor- und Rückwärtslauf eingerichtet ist, wird zweckmäßig ein Reversiermotor vorgesehen, der durch einfache Stromumschaltung seine Drehrichtung umkehrt. Die zur Entleerung erforderliche Kippvorrichtung läßt sich leicht durch einen Hebel einschalten. Bemerkenswert ist, daß der Schutzdeckel nur geöffnet werden kann, wenn die Maschine außer Betrieb ist. Je nach der Typengröße (260 bis 1000 Liter Gesamtinhalt) ist ein Kraftaufwand von 4 bis 20 PS erforderlich.

Um jederzeit ein gleichmäßig poröses Brot zu erzielen, ist die Herstellung eines vollständig gleichmäßigen Sauerteiges von großer Wichtigkeit. Zu diesem Zwecke wurde ein Sauerrührer entwickelt, wie ihn Bild 22 zeigt. Die Maschine besitzt einen zweckmäßig geformten Flügel, der durch seine schnelle Drehung eine gründliche Zerschleuderung des Grundsauers und dadurch dessen innige Mischung mit der Auffüllung bewirkt. Ist die

Mischung fertig gerührt, wird der Sauerflügel abgekuppelt, der Kübel ausgefahren und in einen warmen Raum gestellt, in dem der Sauer reifen kann. Die abgebildete Type ist für eine Kübelgröße bis zu 1100 mm Durchmesser verwendbar. Der Kraftbedarf richtet sich nicht zuletzt nach der Beschaffenheit des Sauerteiges und schwankt demgemäß zwischen 6 und 8 PS. Auf dem Bilde rechts unterhalb des Motors ist das Wassermisch- und Meßgefäß ersichtlich.

In Großbrotfabriken werden vielfach Brotteigwirk- und Teilmaschinen aufgestellt, wie sie z. B. Bild 23 darstellt. Die Arbeitsweise dieser Maschine ist kurz folgende. Eine Wirk- und Auspreßmaschine führt den Teig mit Hilfe zweier Schnecken dem Teilapparat zu. Dieser besteht aus einem Drehkörper, in dem sich zwei genau übereinander liegende Zylinder befinden. Bei der Arbeit gelangt der untere Zylinder vor das Mundstück der Auspreßmaschine, deren Schnecken den Teigstrang in den Zylinder hineinpressen. Dabei schiebt der Teigstrang einen Kolben vor sich her, der einen genau nach Gewicht einstellbaren Anschlag betätigt. Der Drehkörper schwenkt dann selbsttätig um. Während der abgeteilte Teig aus dem nunmehr oben befindlichen Zylinder ausgestoßen wird und auf ein Transportband fällt, wird der zweite Zylinder schon wieder mit Teig gefüllt. Auf diese Weise wird ein kontinuierliches Arbeiten und eine höhere Leistungsfähigkeit, nämlich bis zu 2200 Stück in der Stunde, erreicht. Zur Bedienung ist nur ein Arbeiter erforderlich, der den Teig in den Fülltrichter der Auspreßmaschine gibt. Als Antrieb wird ein normaler offener Elektro-

Bild 21. **Knet- und Mischmaschine nach dem Parallelschaufel-System mit Kippvorrichtung. Antrieb durch eingebauten Elektromotor.**

motor verwandt, der über ein Zahnradvorgelege direkt gekuppelt ist.

Die so geteilten Teigstücke werden nun auf dem Transportband je nach Art der Backware entweder auf die Lang- oder Rundwirkmaschine befördert. Bild 24 zeigt einen Langrollapparat mit direkt gekuppeltem Elektromotor, Bild 25 die zweckmäßige Verbindung beider Maschinen. Wie aus beiden Bildern hervorgeht, werden die Teigstücke zwischen zwei Bändern gerollt. Diese laufen normalerweise abwechselnd in gleicher Richtung dergestalt vorwärts, daß sich das untere Band zunächst um eine Länge vorwärts bewegt, die dem Umfang eines normalen gerollten Teigstückes entspricht, während das obere Band stillsteht. Hierauf bewegt sich das obere Band um die gleiche Länge vorwärts, während nun das untere stillsteht; so geht es in gleichmäßigem Wechsel weiter. Man erreicht dadurch, daß die Teigstücke zwischen den Bändern genau entsprechend der Handarbeit vor- und rückwärts gerollt werden. Um auch leicht anhaftende Teige verarbeiten zu können, läuft das Band in einem Mehlkasten mit rotierender Bürste, während über dem oberen Band eine ausrückbare Mehlstaubmaschine und eine rotierende Bürste zur besseren Verteilung des Mehles vorgesehen sind. Sollen die Teigstücke das Transportband ungerollt passieren, so kann das Druckband durch Handräder

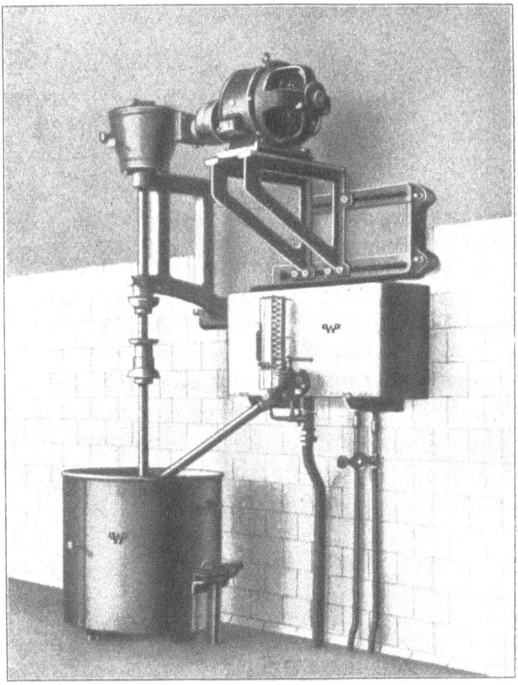

Bild 22. **Antrieb eines Sauerrührers durch einen über ein Kegelradvorgelege gekuppelten Elektromotor.**

hochgeschraubt werden. Der Kraftbedarf beträgt 3 PS. Wie auch aus den Bildern ersichtlich, werden normale offene Motoren verwandt.

Bild 26 zeigt eine Brotteig-Wirk- und Teilmaschine in Verbindung mit einem Langrollapparat anderer Bauart während des Betriebes in einer Hamburger Großbäckerei. Hier wird das endlose Förderband über den Wirktisch geführt. Darüber ist ein der Höhe nach einstellbares Druckbrett angeordnet. Die Teigstücke werden durch die Vorwärtsbewegung des endlosen Bandes zwischen diesem und dem Druckbrett durchgerollt und erhalten so unter gleichzeitigem Nachwirken die gewünschte lange Form. In Bild 27 ist eine vollständige automatische Anlage für Teigverarbeitung dargestellt, bestehend aus einer ausgefahrenen Knetschale mit zugehöriger Kippvorrichtung, einer Brotteig-Wirk- und Teilmaschine mit Trichteraufsatz und einem Langrollapparat. Zu beachten ist die zweckmäßige Durchführung des nur wenig Raum beanspruchenden elektrischen Einzelantriebs.

Bild 23. **Brotteig-Wirk- und Teilmaschine in Verbindung mit einem über ein Zahnradvorgelege gekuppelten Elektromotor.**

Bild 24. **Langroll-Apparat mit angebautem Elektromotor.**

Für die Brötchenbäckerei wird die Teilmaschine zweckmäßig mit einer Wirkmaschine in Verbindung gebracht, wie sie z. B. Bild 28 zeigt. Die Teigstücke werden auf einem Transportband dieser Maschine zugeführt. Deren konischer Wirktisch nötigt sie durch Drehung um seine Mittelachse, der steigenden Wirkspirale zu folgen. Dadurch werden sie mit stets tadellosem Schluß nach unten rund gewirkt. Am Ende der Spirale fallen sie entweder auf ein weiteres Transportband oder unmittelbar auf die Bretter. Die stündliche Höchstleistung

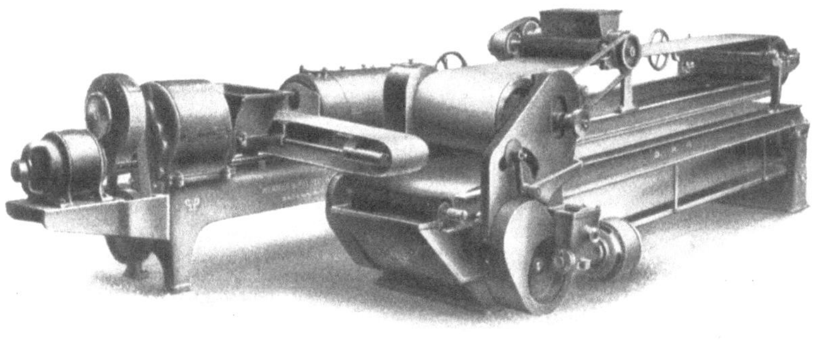

Bild 25. **Brotteig-Wirk- und Teilmaschine in Verbindung mit einem Langrollapparat.**

dieser Maschine beträgt etwa 7000 Stück bei einem Kraftbedarf von 1 PS.

Eine namentlich für Konditoren unentbehrliche Maschine wird in den folgenden Bildern gezeigt. Die Rühr- und Schlagmaschine (Bild 29 und 30) übertrifft bei weitem die Leistung auch der geschicktesten Handarbeit. Wie das Kneten, so gehört in der Backstube auch das Rühren und Schlagen zu den lästigsten und zeitraubendsten, aber auch zu den am häufigsten vorkommenden Arbeiten, deren Ersatz durch Maschinenkraft als ganz besonders erstrebenswert erscheint. Die Maschine eignet sich sowohl zum Mischen von kleinen Hefeteigen, als auch zum Anschlagen der feinsten Makronen- und Biskuit-

Bild 26. **Brotteig-Wirk- und Teilmaschine mit Langrollapparat während der Arbeit in einer Hamburger Bäckerei.**

massen, Waffelteigen, Schaum- und Füllmassen. Die aushebbaren Kessel rotieren oder können durch einen Handgriff stillgesetzt

Bild 27. **Vollständige automatische Anlage für Teigverarbeitung mit weit durchgebildetem Einzelantrieb.**

Bild 28.
Brötchen-Wirkmaschine.

werden. Durch einfaches Drehen an einem Handrade kann der Schlag- oder Rührarm während des Ganges der Maschine in jede beliebige Schräglage (Bild 31) gestellt werden. Unter dem Kessel ist eine elektrische, in mehreren Stufen regulierbare Heizung angeordnet. Ein aufgebauter, normaler offener Motor von 2 PS Leistung treibt die Maschine an. Die Geschwindigkeit ist gleichfalls durch einfache Handgriffe auf mechanischem Wege in 3 Stufen regelbar.

Bild 29. **Rühr- und Schlagmaschine mit aufgebautem Elektromotor und elektrischer Kesselbeheizung.**

Da auch die Schnittgebäckmaschine, wie sie z. B. Bild 32 darstellt, besondere Vorzüge für die Fabrikation bietet, konnte sie sich bereits mit Erfolg auch in kleineren Betrieben einführen. Hierbei wird der aus der Knetmaschine kommende Teig in den oberen Trichter gegeben. Ein Dreiwalzwerk preßt dann diesen Teig durch Schablonen soweit heraus, bis die Stärke des Biskuits erreicht ist. Nun gleitet ein durch Drahthalter gespannter feiner Stahldraht über die Öffnungen der Schablonen und schneidet so eine Reihe Biskuits ab (Bild 33). Diese legen sich auf die unter den Öffnungen vorbeigeführten Backbleche, mit denen sie zusammen auf einem Transportband weitergeführt werden. Die Maschine verarbeitet

Bild 30. **Rühr- und Schlagmaschine anderer Bauart.**

in der Stunde etwa 300 kg Ware bei einer Bedienung von nur zwei ungelernten Personen, die die Aufgabe und Abnahme der Backbleche besorgen. Ein 3 bis 4 PS starker Elektromotor ist in die Maschine eingebaut. Die Geschwindigkeit kann durch einen Umlaufregler im Verhältnis 1 : 4 geregelt werden.

Bild 31. **Rühr- und Schlagmaschine mit schräg gestelltem Arm.**

Erwähnenswert ist an dieser Stelle auch die automatische Auspreß- und Ausstechmaschine (Bild 34). So wie der Teig die Knetmaschine verläßt, wird er, ohne vorgewalzt zu werden, der automatischen Vorlängmaschine aufgegeben. Diese preßt fortgesetzt ein endloses Teigband in stets gleicher Breite vor die Schlichtwalzen der Ausstechmaschine. Diese erfassen das Teigband, glätten es nach und geben ihm die für die Kuchen erforderliche Stärke. Ein endloses Transporttuch befördert das Teigband unter den Ausstecher, der mit jedem Hub die Kuchen, entsprechend den auf dem Ausstechblock angeordneten Ausstechformen, aus der Teigbahn aussticht. Die Kuchen gleiten

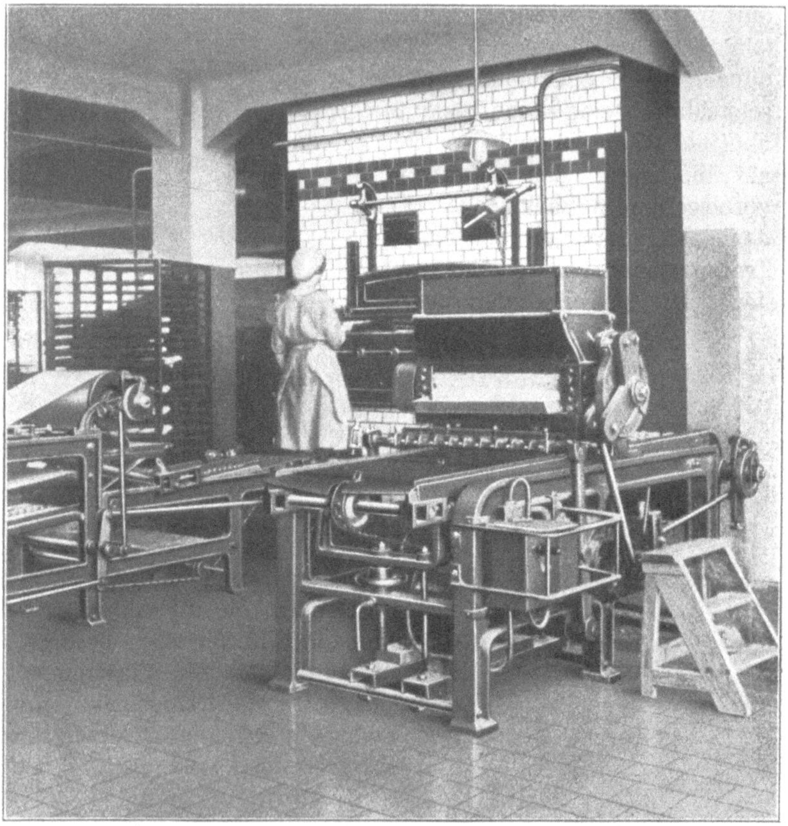

Bild 32. **Schnittgebäckmaschine in einer Hamburger Bäckerei.**

dann periodisch auf die Backbleche, während der etwa entstehende Abfall, selbsttätig abgesondert wird. Da es sich also bei den kombinierten Auspreß- und Ausstechmaschinen zwar um zwei zusammenhängende, aber dennoch gänzlich voneinander unabhängige Maschinen handelt, werden auch zwei getrennte Antriebe vorgesehen, am zweckmäßigsten durch Aufstellung zweier Elektromotore mit einer Leistung von etwa je 3 bis 6 PS, je nach Größe der Maschine. Die Regulierung der einzelnen Arbeitspartien der Maschine erfolgt durch eingebaute Umlaufregler, so daß normale Motoren ohne Regulierfähigkeit verwendet werden können. Auf diesen Maschinen können nicht nur Honigkuchenteige, sondern auch fetthaltige, weiche Biskuitteige sowie Mürbteige verarbeitet werden. Soll aber die Ausstechmaschine für Hartteige, die sich nicht automatisch vorlängen lassen, verwendet werden, so setzt man die Vorlängmaschine außer Betrieb und legt die auf der Teigwalze vorbereiteten Teiglängen zwischen Auspreßapparat und Schlichtwalzwerk der Ausstechmaschine an. Endlich läßt sich diese Maschine auch als kontinuierlich arbeitende Queenmaschine benutzen.

Bild 33. **Schnittgebäckmaschine während des Betriebes.**

Am Schluß sei noch auf eine Schokoladen-Spritz- und Dekoriermaschine hingewiesen, die in keinem Betrieb fehlen sollte (Bild 35), da sie die Herstellung aller dekorierten Pralinen, Kekse, Waffeln usw. erheblich verbilligt. Sie besitzt eine elektrische Heizvorrichtung, die mit jeder Lichtleitung verbunden werden kann und die Masse automatisch

Bild 34. **Automatische Auspreß- und Ausstechmaschine.**

Bild 37. **Zwiebackschneidemaschine mit elektrischem Einzelantrieb.**

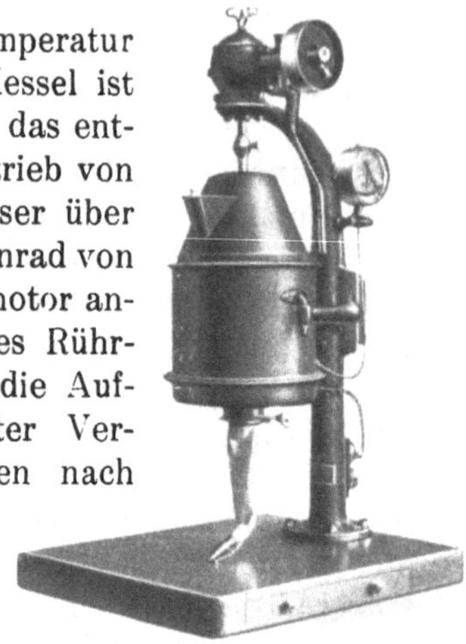

Bild 35. **Dekoriermaschine mit automatischer elektrischer Heizvorrichtung**

auf einer gleichmäßigen Temperatur hält. In dem kupfernen Kessel ist ein Rührwerk vorgesehen, das entweder durch einen Winkeltrieb von der Transmission oder besser über Schnecke und Schneckenrad von einem kleinen Elektromotor angetrieben wird. Dieses Rührwerk hat außerdem die Aufgabe, die Masse unter Vermeidung von Luftblasen nach unten in einen Beutel zu drücken, wobei die Menge durch einen Schieber genau einstellbar ist. Die nötige Betriebskraft beträgt etwa $^1/_4$ PS. Bild 36 zeigt in Gruppenantrieb verschiedene Zwieback- und Kaffeebrotschneider, die jedoch besser wie in Bild 37 gesondert durch je einen kleinen Elektromotor anzutreiben wären. Im Hintergrund ist ein später noch zu behandelnder, automatischer elektrisch zu beheizender Waffelbackofen sichtbar.

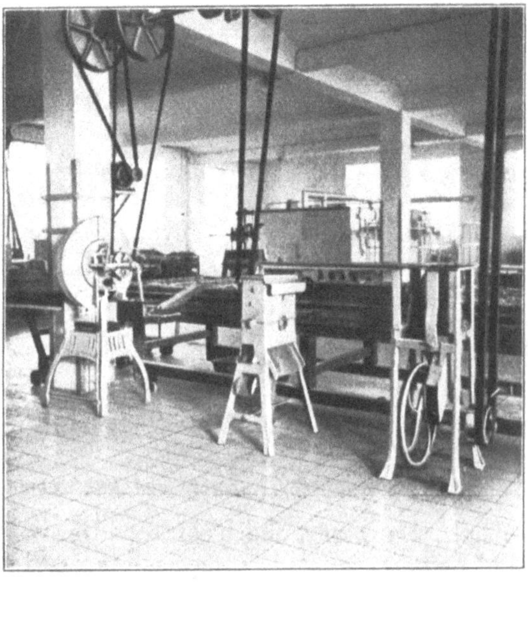

Bild 36. **Ein Kaffeebrot- und zwei Zwiebackschneider in elektrischem Gruppenantrieb.**

Die Elektrizität als Wärmequelle

Das Problem des elektrisch beheizten Backofens ist hinsichtlich Konstruktion und guter Backfähigkeit schon seit Jahren gelöst. Bereits im Jahre 1911 wurde ein elektrischer Großbackofen in Zürich aufgestellt, der seitdem ununterbrochen in Betrieb ist und sich in jeder Beziehung bestens bewährt hat. Bis heute hat sich die Zahl der elektrisch beheizten Backöfen in der Schweiz auf über 6000 Stück gesteigert. Wenn sich diese Öfen in Deutschland nicht in gleich starkem Maße einführen konnten wie in anderen Ländern, so mag das einmal an den im Vergleich zu diesen Ländern in manchen Gegenden zu hohen Strompreisen, zum anderen an der noch in weiten Kreisen anzutreffenden Unkenntnis der wirtschaftlichen Voraussetzungen, ferner des Aufbaues und der Wirkungsweise dieser Backöfen gelegen haben. Heute bricht sich immer mehr die Erkenntnis Bahn, daß die Frage der Elektrizitätsverwendung keine nur auf Vergleich der reinen Brennstoffkosten beschränkte Rentabilitätsfrage ist, und die zunehmende Stromverwendung gestattet auch den Elektrizitätswerken eine Tarifgebarung, die den Wünschen der Abnehmer entgegenkommt. Gerade die Einführung des elektrischen Backofens wie überhaupt des elektrischen Bäckereibetriebes findet auf beiden Seiten wachsendes Interesse. Der elektrische Ofen verdankt seine Stellung vor allem seiner vorzüglichen Backware. Nach dem heutigen Stand der Technik kann er unbedenklich als das Ideal eines Backofens bezeichnet werden, denn er besitzt viele wesentliche Vorteile, die keine andere Bauart zu bieten vermag. Seine absolute Reinlichkeit, seine stete Betriebsbereitschaft, seine bequeme feinstufige Regulierbarkeit bei denkbar einfacher Bedienung sichern ihm besonders da den Vorrang, wo besonderer Wert auf qualifizierte Arbeit gelegt werden muß. Das ist aber gerade für das Bäckerei- und Konditoreigewerbe von ausschlaggebender Bedeutung, denn jeder Bäcker bzw. Konditor weiß, wie feinfühlig Zunge und Gaumen namentlich seiner ständigen Kunden sind. Hier nochmals auf alle Vorteile der elektrisch beheizten Öfen einzugehen, erübrigt sich wohl; im ersten Kapitel wurde eingehend darauf verwiesen. Deshalb seien nur noch Aufbau und Wirkungsweise dieser Öfen behandelt.

Wie von den elektrischen Heizgeräten im Haushalt her bekannt sein dürfte, wird elektrische Wärme dadurch erzeugt, daß man den Strom durch eine Anordnung von Widerstandsdrähten fließen läßt. Je nach Stromstärke und Widerstandsgröße erhitzen sich die Drähte und teilen ihre Wärme der Umgebung mit.

Rein äußerlich unterscheidet sich der elektrisch beheizte Backofen von einem gewöhnlichen Dampfbackofen nur durch die schmälere Front bei gleich breiten Herden, die Heizungsverschlußrahmen und durch die Schalteinrichtung, die entweder am Ofen selbst oder an der Backstubenwand angebracht ist. Herde, Schwadenapparate, Warmwasserkessel usw. sind in ähnlicher Weise eingebaut wie beim Dampfbackofen. Auch hier sind die Herde vollständig voneinander getrennt, so daß die Temperaturen in ihnen verschieden hoch gehalten werden können. Die die Wärme ausstrahlenden, regulierbaren Heizelemente sind über und unter den Backherden so eingebaut, daß eine vollkommen gleichmäßige Hitzeverteilung erzielt wird. Die elektrischen Öfen können sowohl zum Anschluß an Gleichstrom als auch an Wechsel- oder Drehstrom bis zu Spannungen von 500 Volt geliefert werden.

Man unterscheidet drei verschiedene Arten elektrisch beheizter Öfen:

1. Verbundöfen.
2. Öfen mit direkter elektrischer Beheizung.
3. Wärmespeicheröfen.

Verbundöfen.

Die Verbundöfen können außer mit elektrischer Energie auch noch mit festen Brennstoffen oder mit Gas oder Öl beheizt werden. Es ist ohne weiteres möglich, zwei dieser Heizarten miteinander zu verbinden. Wenn auch eine solche Kombination zunächst viel Annehmlichkeiten zu bieten scheint, so sind diese Verbundöfen doch nicht zu empfehlen. Zweifellos wird mancher Vorteil der einen Heizart zugunsten der anderen geopfert werden müssen, so daß der durch die Kombination beider Heizarten bedingte höhere Anschaffungspreis kaum gerechtfertigt erscheint. Insonderheit muß auf eine ganze Reihe gerade der wesentlichen Vorzüge der rein elektrischen Beheizung verzichtet werden, namentlich dort, wo die elektrische Heizung nur als Zusatzheizung, z. B. zur besseren Regulierung der Oberhitze, verwandt wird. Die absolute Sauberkeit und die arbeitsparende, einfache Bedienung, die Vermeidung der Unkosten für Reinigung, Kohlentransport und Ascheabfuhr, alle diese Vorzüge des rein elektrischen Betriebes kommen nicht oder nur teilweise zur Geltung. Ferner muß zur Heizung des Ofens vorwiegend Tagstrom verwendet werden, der in den meisten Gegenden Deutschlands erheblich teurer ist als der Nachtstrom. Hinzu kommt, daß bei der Verbindung zweier Heizsysteme die Wärme-Isolierung schon wegen des unvermeidlichen Kamins nicht in so vollkommener Weise durchgebildet werden kann, wie sie für den elektrischen Betrieb wünschenswert ist. Auf alle Fälle wird also dessen Wirtschaftlichkeit darunter leiden. Das haben auch zahlreiche Versuche ergeben, die immer wieder von den verschiedensten Firmen in dieser Richtung angestellt wurden.

Direkt beheizte Tagesstromöfen.

Die zweite Art bilden die direkt beheizten Backöfen, denen während des Backens, also bei Tag, Strom zuzuführen ist. Diese Öfen werden etwa ein bis zwei Stunden vor Backbeginn voll eingeschaltet. Während der Backdauer wird dem Ofen je nach Bedarf weiter Strom zugeführt. Im allgemeinen wird man hierbei mit einem Drittel des Ofenanschlußwertes auskommen. Nach dem Abschalten der Stromzufuhr kann je nach Konstruktion des Ofens noch ein oder zwei Stunden weitergebacken werden. Da die Anschlußzeit dieser Öfen nur zu einem Bruchteil, nämlich während des Aufheizens, in die Nachtstunden fällt, wird ihr Betrieb gegenüber dem der Wärmespeicheröfen nur in jenen Gegenden rentabel sein, in denen das Verhältnis des Tagstrompreises zum Nachtstrompreis sehr klein ist. Eine Ausnahme hiervon muß bei den Konditoröfen gemacht werden. Wenn auch die Art der Berechnung natürlich dieselbe ist, wie bei den Bäckereiöfen, so kann man hier doch mit den Strompreisen etwas höher gehen, weil die Heizkosten bei der höherwertigen Backware nicht so stark fühlbar sind. Ferner sind diese Anlagen meistens kleiner und verbrauchen auch wegen der niedrigeren Temperaturen weniger Strom, so daß ein Mehraufwand für Beheizungskosten weniger ins Gewicht fällt. So spielen denn auch in einem großen Konditoreibetrieb die wenigen Mark Beheizungskosten nur eine untergeordnete Rolle, während sie beim Bäcker einen höheren prozentualen Anteil ergeben. Wenn nun in der im Auftrage der Arbeitsgemeinschaft für Brennstoffersparnis anläßlich der Bäckereifachausstellung 1927 in Essen herausgebrachten Broschüre „Brot und Brennstoff“ der Aufwand für Heizungsmaterial des Bäckers mit nur 2 % des Preises der Fertigbackware angegeben ist, so wird man unter sachlicher Wertung der Vorzüge des elektrischen Backens die Richtigkeit der oben auf-

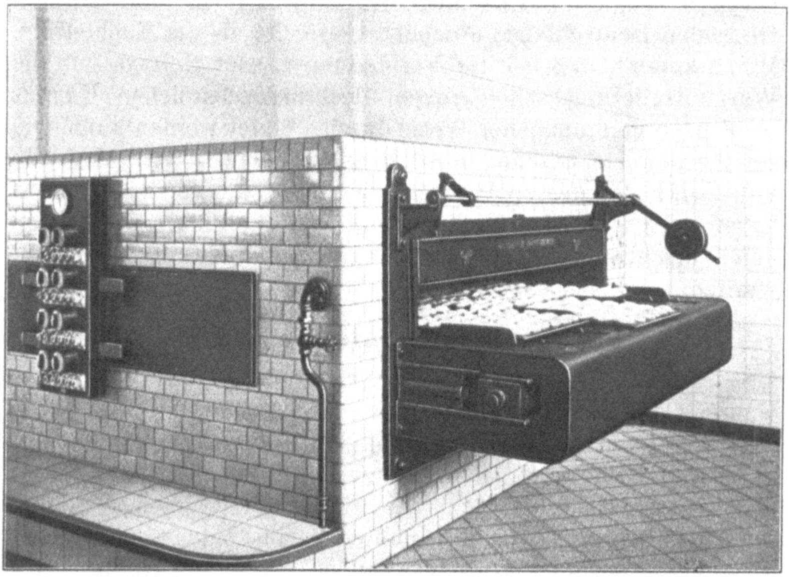

Bild 38. **Direkt beheizter Tagesstromofen.**

gestellten Behauptung erkennen, daß die Frage der Elektrizitätsverwendung durch den Vergleich der reinen Heizkosten bei weitem noch nicht gelöst ist. Gilt das aber schon beim Bäcker, so gilt es in verstärktem Maße beim Konditor.

Eine Wirtschaftlichkeit wird gegebenenfalls auch dort zu erzielen sein, wo eigene elektrische Energie durch Wasserkraft vorhanden ist, die an sich nicht genützt wird oder zu verhältnismäßig billigem Preise an Dritte abgegeben werden müßte. Für diese Fälle dürfte es sich doch empfehlen, Anschluß an das Überlandnetz als Reserve bei zu niedrigem Wasserstand zu suchen.

Die Bilder 38—40 zeigen einen direkt beheizten elektrischen Ofen in einer Hamburger Großbäckerei. Er hat eine

Bild 39. Der Antrieb der Ketten durch einen über ein Vorgelege direkt gekuppelten Elektromotor. Die Geschwindigkeit wird durch Änderung des Übersetzungsverhältnisses geregelt und ist mit Hilfe der über dem Handrad angeordneten Skala einstellbar.

Länge von 24 m und eine lichte Einlauföffnung von 2130 mm. Wie aus den Bildern ersichtlich, ist er als Kettenofen ausgebildet, und zwar durchlaufen den Ofen drei Paar Ketten, auf welche die Backbleche aufgelegt werden. Bild 40 zeigt die Einlauf-, Bild 39 die Auslaufseite. Die Durchlaufgeschwindigkeit kann ganz der Backdauer bzw. dem Arbeitsgange der Ausstechmaschinen angepaßt werden. Bild 39

Bild 40. **Direkt beheizter Tagesstromofen.**

zeigt den Antrieb durch einen über ein Vorgelege direkt gekuppelten Elektromotor, der stets mit seiner vollen Umdrehungszahl läuft. Die Regulierung der Durchlaufgeschwindigkeit wird auf mechanischem Wege durch Veränderung des Übersetzungsverhältnisses erreicht, wobei die über dem Handrad angeordnete Skala Aufschluß über den jeweiligen Geschwindigkeitsgrad gibt. In diesem Ofen werden vorwiegend Keks der verschiedensten Art gebacken, ferner wird er für die Zwiebackröstung ausgiebig verwendet. Zum kontinuierlichen Arbeiten ist natürlich eine besonders feine Abstufung der Backhitze erforderlich. Sie wird mit Hilfe der an der Seite des Backofens ersichtlichen Schalter erreicht, die eine außerordent-

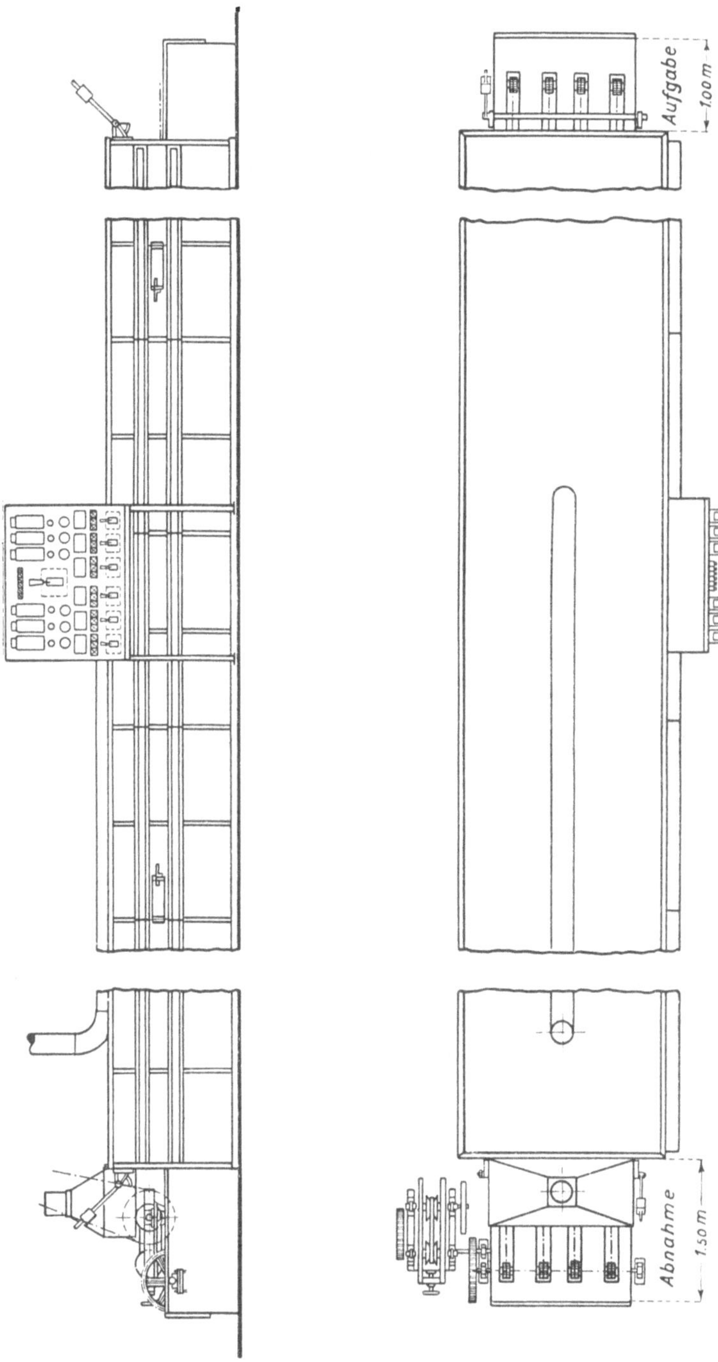

Bild 41. Direkt beheizter Tagesstromofen mit selbsttätiger Temperatureinstellung durch Spezial-Pyrometer.

lich feine Regulierung sowohl der Unter- als auch der Oberhitze ermöglichen. Der Stromverbrauch dieses Ofens richtet sich natürlich vor allem nach Art und Menge der Backware. Im Mittel kann für 100 kg Konditorware mit einem Stromverbrauch von etwa 32 bis 35 kWh gerechnet werden, und zwar einschließlich des Stromverbrauches für Anheizen des Ofens. Zugrunde gelegt ist hierbei eine Backleistung von etwa 5000 kg

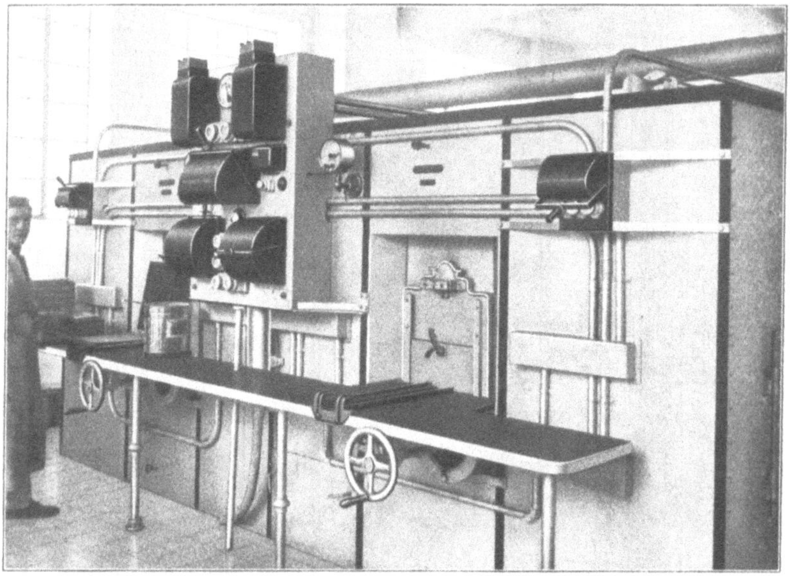

Bild 42. Elektrischer Waffelofen mit zwei übereinander angeordneten Backherden und selbsttätiger Temperaturregulierung durch Spezial-Kontakt-Pyrometer.

Konditorware (Butterkuchen, Schnecken, Hörnchen, Klöben, Milchbrote, Heißwecken usw.).

Bild 41 zeigt einen elektrischen Kettenofen mit automatischer Temperaturregulierung der Firma H. Danger, Hamburg. Diese Ofenkonstruktion erfordert keinerlei Überwachung des Backvorganges mehr, so daß der Bäckermeister vollkommen unabhängig von der Geschicklichkeit und Aufmerksamkeit des Bedienungspersonals geworden ist.

Der Ofen hat äußerlich eine ganz ähnliche Form wie der vorstehend beschriebene. Auch er ist der Länge nach in eine Reihe voneinander unabhängiger Backzonen eingeteilt. Innerhalb dieser Zonen sind Ober- und Unterhitze wiederum getrennt und bilden so getrennte Heizgruppen für sich. Jede dieser Gruppen ist nun mit einem Spezialpyrometer ausgerüstet, das nicht allein zur Temperaturablesung, sondern auch zur Eingrenzung der gewünschten Backtemperatur dient. Mit Hilfe von Kontaktzeichen wird der Ofen während des ganzen Arbeitsganges automatisch auf der gewünschten Temperatur gehalten, so daß eine weitere Aufsicht überflüssig wird. Sobald die Temperatur der jeweiligen Gruppe um ein Geringes über das gewünschte Maß steigt, wird deren Schalter durch eine besondere Steuervorrichtung selbsttätig geöffnet und damit die Stromzufuhr unterbrochen. Fällt die Temperatur, so schließt sich der Stromkreis in gleicher Weise. Bei diesem Schaltvorgang ist lediglich mit einer ganz geringen Wärmeträgheit von $\pm$ 3 bis 5 % zu rechnen, die naturgemäß einen Einfluß auf den Backvorgang nicht ausübt. Durch diese Anordnung ist ferner die Möglichkeit gegeben, je nach Art der Backware nach dem Ende des Ofens zu mit allmählich steigender oder allmählich fallender Temperatur zu arbeiten. Diese Konstruktion des Pyrometers ist bereits an dem später noch zu behandelnden Waffelbackofen (Bild 42) seit längerer Zeit in Betrieb. Nach Mitteilung des Bäckermeisters hat es noch nicht ein einziges Mal Anlaß zu Beanstandungen irgendwelcher Art gegeben.

Bild 43. **Elektrisch beheizter, automatischer Schmalzkuchenofen.**

Gerade durch diese vollkommen selbsttätige Regulierung wird die Rentabilität der elektrischen Beheizung gegenüber anderen Systemen gewährleistet, weil dem Ofen tatsächlich nur so viel Strom zugeführt wird, wie zur Erreichung der gewünschten Backtemperatur erforderlich ist.

Das gibt auch die Möglichkeit, den Ofen in ähnlicher Weise wie die Wärmespeicheröfen durch billigen Nachtstrom anzuheizen. Wenn nämlich der Ofen nicht beschickt wird und gänzlich geschlossen ist, hat er dank seiner vorzüglichen Isolation nur einen Wärmeverlust von etwa 1 kW pro 10 qm Oberfläche und Stunde. An einem Zweireihenofen von 15m Backlänge wurde so ein Bedarf von 7 bis 9 kW festgestellt.

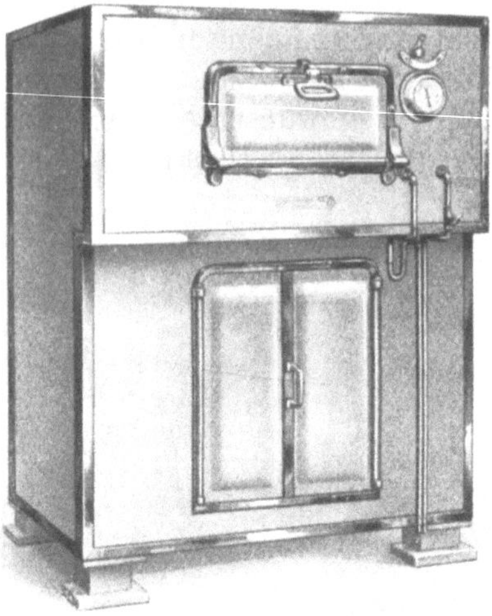

Bild 44. **Elektrischer Backofen mit Gärschrank und Schwadeneinrichtung.**

Steht also der Ofen über Nacht 12 Stunden außer Betrieb, so wäre mit einem Wärmeverlust entsprechend 100 kWh zu rechnen. Bei Berücksichtigung des billigen Nachtstroms und des Fortfalls des Stromverbrauchs für das Anheizen bedeutet das aber, daß der Ofen während der Nacht überhaupt nicht mehr abgeschaltet zu werden braucht. Bei Betriebsbeginn steht dann sofort genau die verlangte Temperatur zur Verfügung; denn sowie die auf den Pyrometern eingestellte Temperatur erreicht ist, wird jedesmal die Stromzufuhr selbsttätig unterbrochen.

Bild 45. **Transportabler Eindeckofen mit einem Backherd und Gärraum.**

Bild 42 zeigt den bereits erwähnten Waffelofen. Dieser ist im elektrischen Teil nach dem gleichen Konstruktionsprinzip wie der vorstehende Kettenofen ausgebildet; d. h also die Backtemperatur wird auch hier vollkommen selbsttätig mit Hilfe eines Spezial-Kontaktpyrometers geregelt. Der abgebildete Ofen enthält zwei übereinanderliegende Drehherde zur Aufnahme der Waffeleisen. Die beiden Backräume sind aber vollkommen voneinander isoliert, so daß ohne weiteres nur mit einem Backraum gearbeitet werden kann, während der andere abgeschaltet ist. Die Arbeitsweise ist die gleiche wie bei dem oben beschriebenen Kettenofen. Der Unterschied liegt lediglich darin, daß die Waffeleisen den Ofen nicht wie die Backbleche in gerader Richtung, sondern im Kreis durchlaufen, so daß die Waffeln nach einem Rundgang an derselben Stelle des Ofens fertig gebacken entnommen werden, an der vorher der Teig in das Waffeleisen gegeben wurde. Auch hier spielt sich also der Arbeitsgang vollständig kontinuierlich ab. Der Gesamtanschlußwert beträgt 100 kW.

Bild 46. **Konditorofen in einem Hamburger Hotel während des Betriebes.**

An dieser Stelle soll auch noch kurz ein elektrisch beheizter, automatischer Schmalzkuchenofen (Bild 43) behandelt werden. Vom Teigbehälter aus wird der Teig durch Druckluft zu einer Schnittvorrichtung gepreßt und in der gewünschten Menge abgeschnitten. Im Innern der Maschine liegt ein elektrisch beheiztes Fettbad, in dem sich ein Stern mit einer doppelten Reihe kleiner Kammern dreht. In jede Kammer der inneren Reihe fällt ein ausgeschnittenes Teigstück, das nun von dem sich drehenden Stern

Bild 47. **Transportabler elektrisch beheizter Backofen mit 3 Backräumen je 90 × 55 × 30 cm und darüber liegendem Gärraum.**

durch das heiße Fettbad geführt wird. Nach einem Rundgang wird es unter gleichzeitigem Wenden in die äußere Reihe geworfen und nochmals herumgeführt. Erst dann wirft eine Vorrichtung den jetzt fertig gebackenen Schmalzkuchen auf das seitlich angebrachte, im Bild erkennbare, schräge Rutschblech aus. Der Arbeitsvorgang ist von außen sichtbar, da die Seitenwände mit aufklappbaren Fenstern versehen sind. Die Bedienung ist leicht und übersichtlich, da kleine Signallampen den jeweils eingeschalteten Stromkreis anzeigen. Die Maschine liefert 1000 Schmalzkuchen in der Stunde bei einem Stromverbrauch von 9 kWh. Die Strompreise dürften hierbei also überhaupt keine Rolle spielen.

Bild 48. **Transportabler elektrisch beheizter Backofen mit 2 Backräumen und darüber liegendem Gärraum.**

Die folgenden Bilder stellen direkt beheizte, transportable Backöfen verschiedenen Fabrikates dar, die sowohl in Konditoreien und Bäckereien als auch in Hotel-, Anstalts- und Schiffsküchen Verwendung finden können. Sie werden etwa eine Stunde vor Beginn des Backens mit voller Energiezufuhr für Ober- und Unterhitze eingeschaltet, bis die Backröhren etwa 250° C erreicht haben. Der in der Zwischenzeit vorbereitete Teig wird in den teils über, teils unter der Backröhre angeordneten Gärraum eingeschoben. Nachdem der Teig genügend aufgegangen und der Backofen heiß genug ist, werden die Backformen in die Backröhren eingestellt. Während des starken Wasserverdampfens beim Backbeginn werden die Türen zweckmäßig etwas

Bild 49. **Transportabler elektrisch beheizter Backofen.**

geöffnet um den Wasserdampf entweichen zu lassen. Gleich nach dem Einschieben des Teiges fällt die Backröhrentemperatur etwas, so daß die volle Wärmezufuhr zunächst beibehalten werden muß. Nach etwa 15 Minuten wird sie wieder ihre volle Höhe von 250 ° C erreicht haben, so daß nunmehr Ober- und Unterhitze auf „schwach" geschaltet werden können. Nach weiteren 10 bis 15 Minuten ist es angängig, die Energiezufuhr überhaupt auszuschalten, so daß die Ware stromlos ausbäckt. Letzten Endes ist es natürlich Erfahrungssache des Bäckers, ob er besser Ober- und Unterhitze gleichmäßig reguliert, oder die eine oder andere Hitze stärker oder schwächer einstellt. Das gilt besonders dann, wenn längere Zeit hintereinander gebacken wird. Die Bilder 44 bis 49 zeigen verschiedene Ausführungsformen einzelner Firmen. Da sie an sich verständlich sein dürften, erübrigt sich eine Beschreibung im einzelnen.

Bild 52. **Wärmespeicherofen mit eingebautem Warmwasserspeicher, Schwadenapparat und angebauter Gärkammer.**

Wärmespeicheröfen.

Die dritte Art elektrischer Backöfen bilden die Wärmespeicheröfen, wie sie in den nun folgenden Bildern dargestellt werden. Diese Öfen werden ausschließlich mit Nachtstrom beheizt, so daß also während des Backens tagsüber keine neue Stromzufuhr erforderlich ist. Wie bereits oben erwähnt, können die Elektrizitätswerke den Nachtstrom wegen der schlechten Belastung und somit mangelhaften Ausnutzung ihrer Anlagen während dieser Zeit besonders preiswert abgeben. Die Elektrizität selbst in genügender Menge rentabel zu speichern, ist bisher noch nicht gelungen. Deshalb ist man dazu übergegangen, die durch die Elektrizität erzeugte Wärme zu speichern. In den Wärmespeicheröfen ist die Aufgabe so gelöst worden, daß man mit Hilfe des Nachtstromes einen Speicherkern mit einer für das Ausbacken des täglichen Backgutes ausreichend bemessenen Wärmemenge auflädt. Der Kern besteht aus einer Art Betonmasse, deren genaue Zusammensetzung jedoch Geheimnis der jeweiligen Herstellerfirma ist. Er ist nach außen sorgfältig wärmeisoliert, so daß er die Wärme nur an den Backraum abgeben kann und sie ohne Schwierigkeit bis zum Abend hält, an dem man ihn erneut aufzuladen beginnt. Daß die Wärmeisolierung heute schon in ganz hervorragender Weise durchgebildet ist,

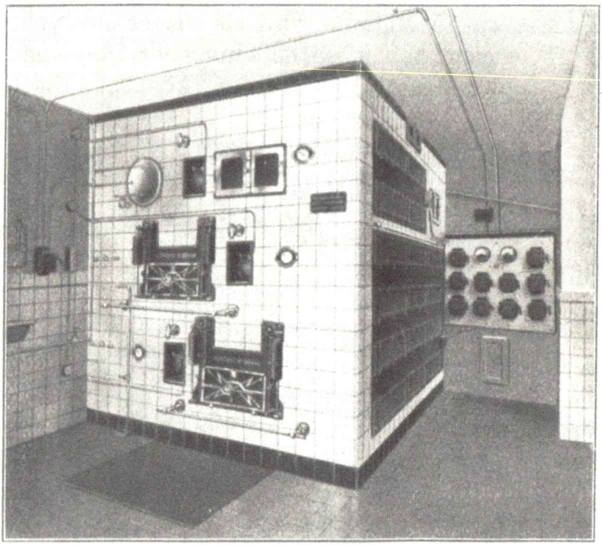

Bild 53. **Wärmespeicherofen mit allem Zubehör. Die Heizelemente sind von der Seite aus leicht auswechselbar angeordnet.**

Bild 54. **Wärmespeicherofen mit 3 Backherden von je 5 qm Backfläche. Links im Vordergrund eine elektrisch angetriebene Mischmaschine.**

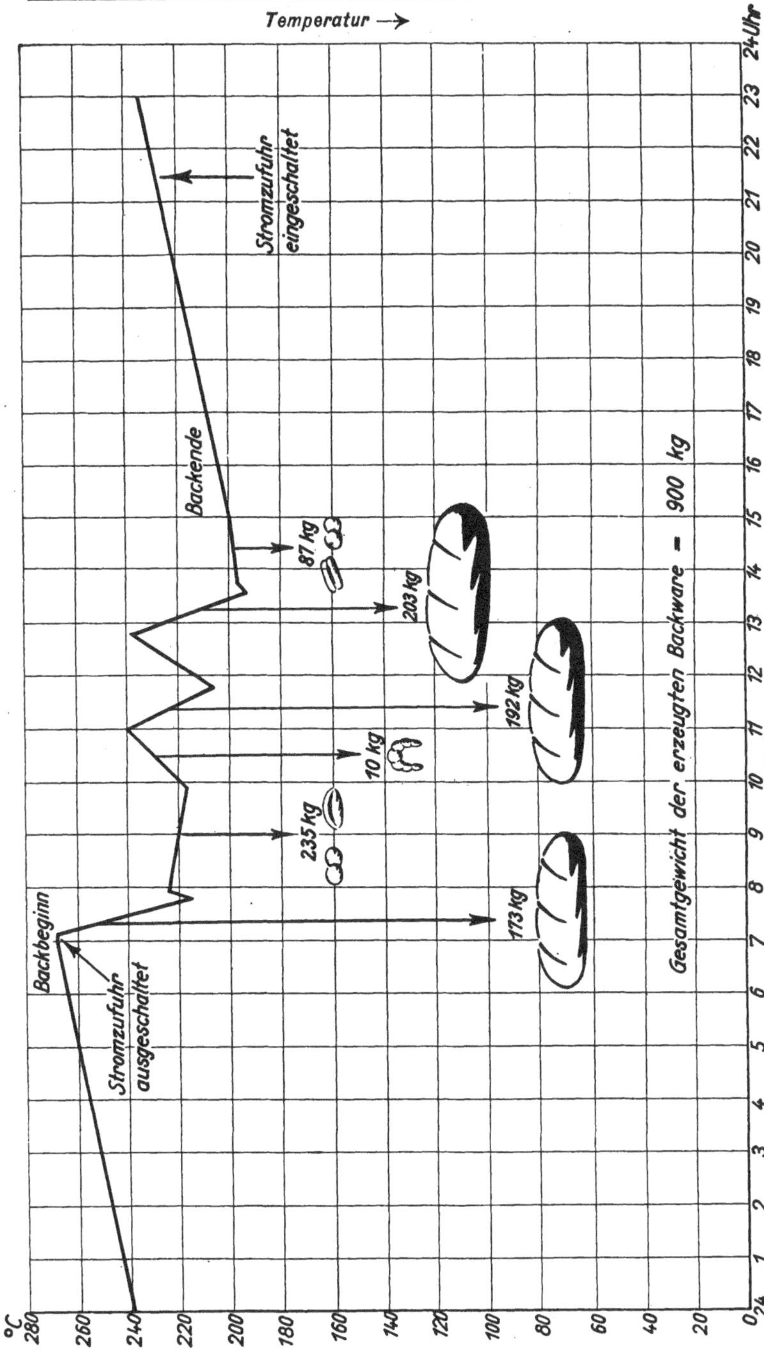

Bild 50. Verlauf der Temperatur im Backraum eines Wärmespeicherofens während des Backens an einem Tage. (Aufgenommen nach amtlichen Feststellungen der Bäckerinnung in München.)

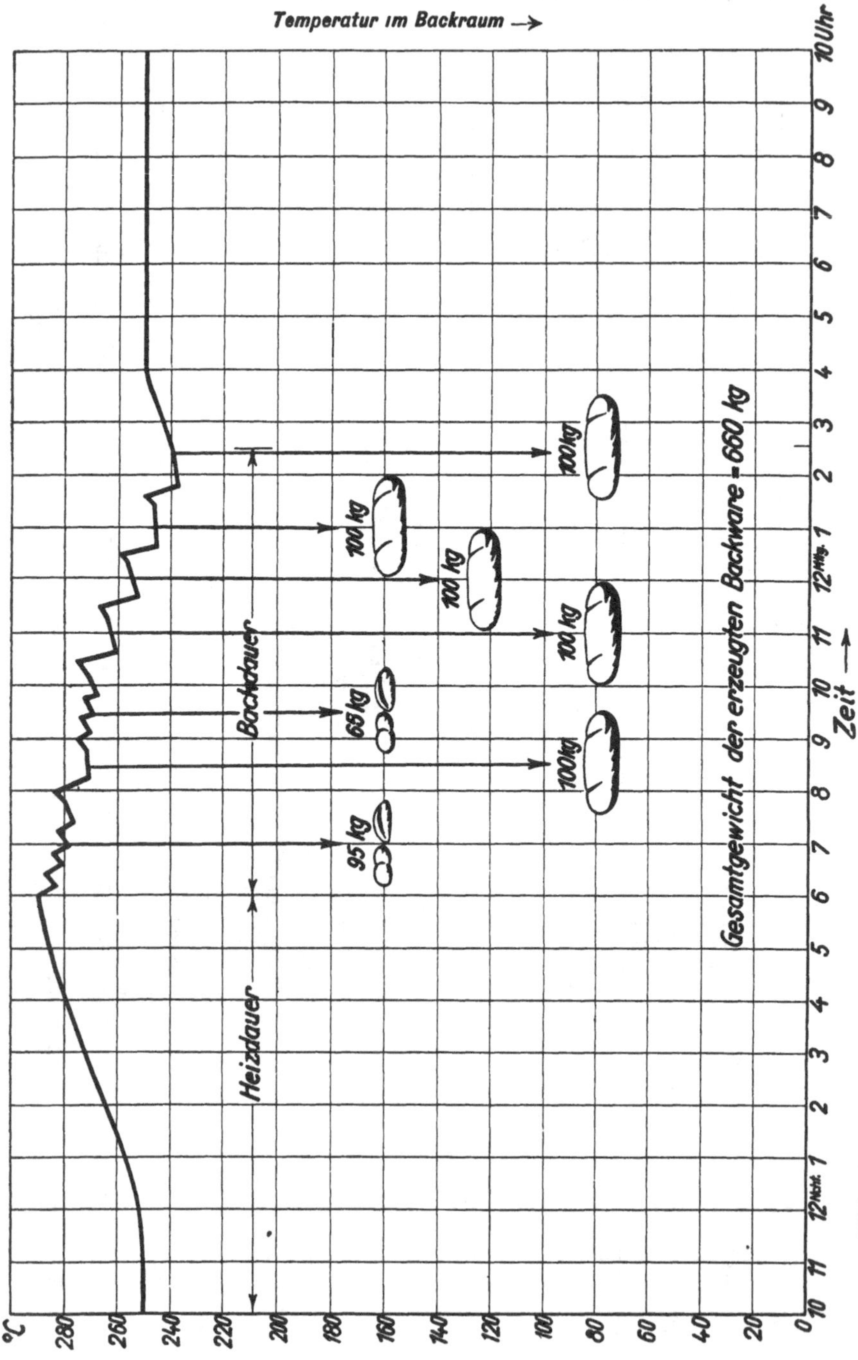

Bild 51 a. Temperaturverlauf im Backraum eines Wärmespeicherofens während des Backens.

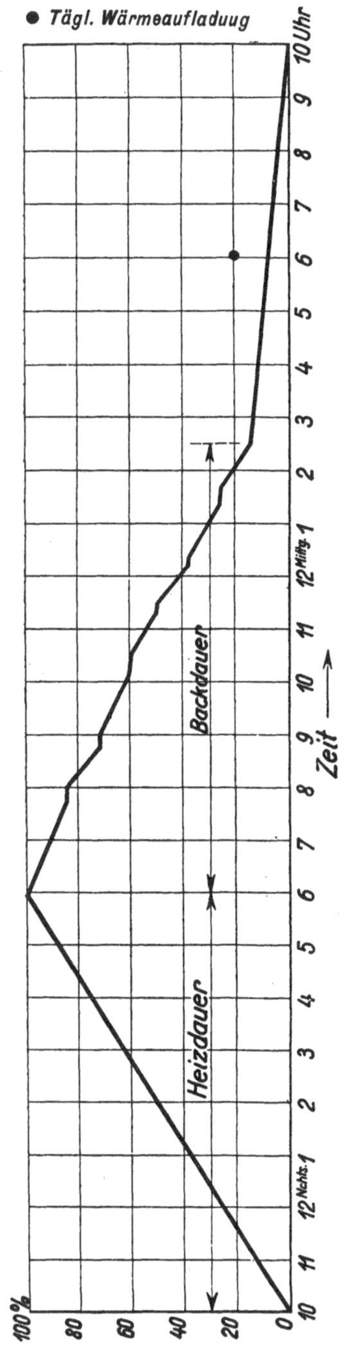

Bild 51 b. Verbrauch der täglich aufgeladenen Wärmemenge beim Ausbacken des oben bezeichneten Gebäcks.

beweist eine Zuschrift des Bäckermeisters Stephan Weyerer aus Trostberg, der ohne jede neue Stromzufuhr selbst noch am dritten Tage gebacken hat.

Zum Verständnis der Arbeitsweise eines solchen Ofens ist es erforderlich, die Begriffe Temperatur und Wärmemenge scharf auseinanderzuhalten. Ist z. B. in einem solchen Ofen einen Schuß Brot gebacken worden, so wird zwar die Temperatur im Backraum selbst zunächst etwas gefallen sein; die Temperatur des Wärmespeicherkerns ist jedoch praktisch noch die gleiche wie vorher, wenn in ihm nur die nötige Wärmemenge vorhanden war. Somit ist also eine Temperaturdifferenz zwischen Backraum und Speicherkern entstanden. Diese wird nach einer gewissen Zeit wieder ausgeglichen sein, da nunmehr der Speicherkern seine Wärmemenge an den Backraum abgibt. Der Gleichgewichtszustand ist also dann wieder hergestellt, wenn der Backraum wieder die gleiche Temperatur erreicht hat wie der Speicherkern. Irgendeine Regulierung vorzunehmen, ist also nicht erforderlich, da die vom Backraum benötigte Wärmemenge ganz von selbst übergeht. Die Kurve (Bild 50) soll diesen Vorgang veranschaulichen. Sie ist im Beisein der Vertreter der Bäckerinnung in München aufgenommen worden und stellt den Temperaturverlauf im Backraum eines Wärmespeicherofens während des Backens an einem Tage dar. Man sieht, daß die Stromzufuhr gegen 7 Uhr morgens abgeschaltet wurde. Die Temperatur im Backraum betrug zu dieser Zeit etwa 270° C. Zunächst wurden 173 kg Schwarzbrot gebacken. Nachdem diese ausgebacken waren, war die Temperatur auf etwa 218° C im Backraum gefallen. Während nun die folgenden 235 kg Kleingebäck vorbereitet wurden, war der Ofen etwa 5 bis 10 Minuten sich selbst überlassen. Sofort wirkte sich der „Nachdruck“ des Speicherkerns aus, so daß die Temperatur auf 223° C anstieg. Das in der Folge gebackene Kleinbrot verbrauchte nur eine verhältnismäßig geringe Wärmemenge, so daß nach zweistündigem Betrieb noch fast die gleiche Temperatur im Backraum herrschte. Während dieser Zeit war also die durch das Backen verbrauchte

Bild 55. **Wärmespeicherofen mit zwei Backherden und seitlich angeordnetem Konditorherd.**

Bild 56. **Ausziehbarer vieretagiger Zwiebackofen von je 5 m² Backfläche.**

Wärmemenge ungefähr gleich der, die infolge der Temperaturdifferenz zwischen Speicherkern und Backraum in diesen überging. Die nun folgenden 10 kg Hörnchen benötigten zum Ausbacken so wenig Wärme, daß die vom Speicherkern nachströmende Wärme nicht vollständig verbraucht wurde. Die Folge war, daß die Temperatur im Backraum trotz des Backens wieder auf 240° C anstieg. So konnten dann weitere 192 kg Schwarzbrot und nach etwa einstündiger „Erholung" des Ofens nochmals 203 kg Schwarzbrot gebacken werden. Der Tagesbedarf dieser Bäckerei war dann mit dem Ausbacken der restlichen 87 kg Brötchen gedeckt, und die Temperatur im Backraum betrug nachmittags 3 Uhr etwa 200° C. Das Gesamtgewicht der erzeugten Backware belief sich also während dieses Tages auf etwa 900 kg. Zum Beweis, daß die im Kern gespeicherte Wärmemenge noch nicht ganz erschöpft war, sei darauf hingewiesen, daß nach

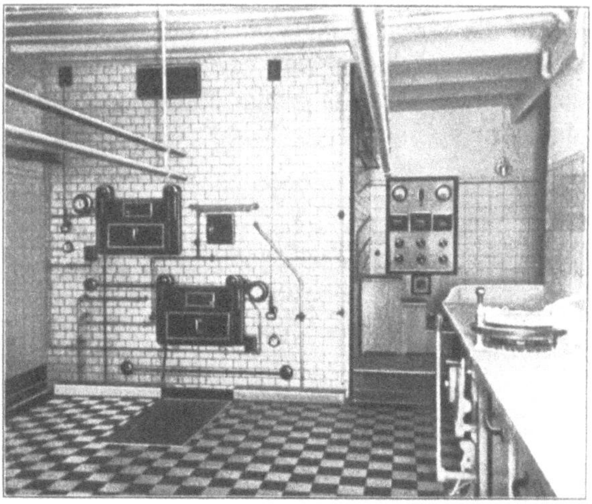

Bild 57. **Elektrischer Wärmespeicherofen mit 2 Backherden und seitlich angeordnetem Konditorherd.**

Bild 58. **Elektrischer Wärmespeicherofen. An der Wand die Schalttafel mit den Meßinstrumenten.**

Backende die Temperatur im Backraum in den folgenden Stunden zwar nur langsam anstieg, immerhin aber bis abends $9^1/_2$ Uhr noch eine Höhe von 230° C erreichte. Bei diesem Stand wurde die Stromzufuhr wieder eingeschaltet, und der Arbeitslauf konnte am nächsten Tag von neuem beginnen. Ist der Tagesumsatz einer Bäckerei größer oder kleiner, so ist selbstverständlich eine Anpassung durch Wahl eines größeren oder kleineren Speicherkerns bzw. Ofens mit entsprechend größerem oder kleinerem Anschlußwert möglich. Bild 51a zeigt in gleicher Weise den Temperaturverlauf im Backraum eines anderen Wärmespeicherofens, während Bild 51b den prozentualen Verbrauch der im Kern aufgespeicherten Wärmemenge beim Backen der angegebenen Ware veranschaulicht.

Bild 59. **Wärmespeicher-Konditorofen mit sechs Backröhren und je einem Gärschrank unterhalb und oberhalb der Backröhren. Neben den seitlich angeordneten Anschlußkästen die Wärmemesser.**

Eine Erkenntnis läßt sich bei genauer Betrachtung der Kurven noch gewinnen: entgegen der bisher vielverbreiteten Ansicht, daß zum Backen von Großbrot eine höhere Temperatur erforderlich sei als zum Backen von Kleinbrot (Brötchen usw.), lassen sie erkennen, daß eine so weitgehende Rücksichtnahme auf die Temperatur überflüssig wird, wenn nur die nötige Wärmemenge bzw. der Nachdruck vorhanden ist.

Während also bei Backöfen mit anderen Heizarten eine genau einzuhaltende Backfolge vorgeschrieben ist, kann hier wahllos mit Klein- und Großbrot begonnen und durcheinander weitergebacken werden, wie der Bedarf es erfordert. Das gibt diesem Ofen eine bemerkenswerte Überlegenheit über die anderen Systeme; denn jeder Bäckermeister wird den Vorteil der frischen Ware zu richtiger Zeit zu schätzen wissen.

Bild 60. **Wärmespeicherofen mit zwei Herden. Über den Einschießtüren an der Vorderfront Dunstklappe zum Abziehen des Dampfes aus dem Backraum.**

Um Irrtümer zu vermeiden, sei noch eine Bemerkung bezüglich der Anwendung der Eberleschen Versuchsergebnisse auf die elektrischen Wärmespeicheröfen gestattet. Bekanntlich kam Prof. Eberle bei seinen Untersuchungen über die zweckmäßigste Bauart der kohlebeheizten Öfen zu dem Resultat, die Wärmespeicherung in den Mauermassen sei nach Möglichkeit zu vermeiden und der so verlorengegangene Nachdruck durch eine vervollkommnete Feuerregelung auszugleichen. Inwieweit das bei kohlebeheizten Öfen erreichbar ist, kann hier dahingestellt bleiben. Bei den elektrisch beheizten Tagesstromöfen ist dieses Prinzip heute schon durchgeführt, da die Regulierung der durch Elektrizität erzeugten Wärme ja denkbar einfach ist. Bei den elektrischen Wärmespeicheröfen liegen jedoch die Verhältnisse infolge der grundverschiedenen Konstruktion gegenüber den kohlebeheizten Öfen anders. Bei diesen wird die Wärme in den großen Mauermassen gespeichert, beim elektrischen Speicherofen jedoch nur in einem verhältnismäßig kleinen Kern mit großer Wärmeaufnahmefähigkeit, der nun seinerseits isoliert ist. Deshalb treffen die Eberleschen

Bild 61. **Wärmespeicher-Ofen mit zwei Backräumen. Leistungsfähigkeit in acht bis neun Stunden etwa 600 bis 800 kg Backware. Links die Schalttafel mit Strommessern. Die Rohrleitungen dienen zur Erzeugung und Einführung des Schwadens.**

Ergebnisse, nach denen die Speicherung zu verwerfen ist, zwar für die kohlebeheizten Öfen zu, sind aber nicht auf die elektrischen Speicheröfen anwendbar. Oder besser gesagt: die sich aus den Versuchen ergebenden Forderungen sind beim elektrischen Ofen bereits durchgeführt; denn nicht die Speicherung an sich ist zu verwerfen, sondern die unkontrollierbare Speicherung in großen Steinmassen, die naturgemäß nicht so gut wie kleine Speicherkörper isoliert werden können und große Verluste durch Strahlung bedingen. Der Wärmespeicherofen wird also den höchsten Wirkungsgrad besitzen, der mit kleinem Speicherkern die wirksamste Wärmeisolation und die kleinste Wärmekapazität des Isoliermittels besitzt. Das ist im Gegensatz zu den anderen Heizarten beim elektrischen Betrieb vor allem dadurch möglich, daß die Energie erst im Kern selbst in Wärme umgeformt wird, so daß die Ausmaße des Kerns bei richtiger Wahl des besten Materials denkbar klein werden. Andererseits bietet die Wärmeisolation heute keine Schwierigkeiten

Bild 62. **Wärmespeicher-Ofen mit zwei Backräumen je 2800 mm lang und 2000 mm breit.**

mehr. Der so beim elektrischen Wärmespeicherofen erreichbare Wirkungsgrad ist denn auch (im Gegensatz zu anderen Heizmitteln) so günstig, daß er dem des direkt beheizten elektrischen Ofens nicht viel nachsteht. Der geringe Unterschied wird durch die billigen Nachtstrompreise bei weitem aufgehoben.

Der in Bild 52 gezeigte Wärmespeicherofen enthält drei Herde mit regulierbarer Ober- und Unterhitze. Ein Warmwasserspeicher von 300 l ist eingebaut, dessen auf Siedehitze erwärmtes Wasser, nach Bedarf fein zerstäubt, in die Herde eingespritzt wird und dort bei der hohen Temperatur eine künstliche Schwadenbildung schafft. Neben dem Backofen ist eine Gärkammer angeordnet, die durch Ausstrahlung der Ofenwand erwärmt wird. Durch eine elektrisch beheizte Wasserwanne wird die Luft im Gärraum auf dem gewünschten Feuchtigkeitsgrad gehalten. Die Backleistung beträgt 75 Brote zu je 5 Pfund auf einen Schuß. Mit einer Aufspeicherung können etwa 400 kg Brot gebacken werden. Die Höchstleistung betrug jedoch

Bild 63. **Wärmespeicher-Ofen mit zwei Backherden.**

660 kg Brot pro Tag. Eine von einem kleinen Flüßchen angetriebene Wassermühle gibt bei ausreichendem Wasser selbsterzeugten Strom. Im allgemeinen wird aber der Strom von der Überlandzentrale geliefert. Der nach längerer Betriebsdauer ermittelte Stromverbrauch beträgt 40 kWh für 100 kg Brot. Nach Angabe des Bäckermeisters arbeitet die Anlage störungslos und rationell.

Die Bilder 53 bis 64 stellen weitere Anlagen dar, die sich seit längerer Zeit im Betriebe bestens bewährt haben, deren Beschreibung im einzelnen hier aber zu weit führen würde. Werden von dieser oder jener Anlage über die zum Teil schon in der jeweiligen Unterschrift gegebenen Daten hinaus noch weitere Angaben gewünscht, so werden das Elektrizitätswerk und die Vereinigung der Elektrizitätswerke, Berlin, Wilhelmstraße 37, sowie die im Anhang angegebenen Herstellerfirmen zu kostenloser Auskunft gern bereit sein.

Am Schluß sei noch erwähnt, daß zur Zeit der Drucklegung dieser Broschüre in einer Hamburger Großbäckerei ein Wärme-

Bild 64. **Wärmespeicher-Konditor-Ofen mit drei Backräumen und je zwei Einschießtüren zwischen diesen. Beleuchtungseinrichtung für jeden Herd. Rückseitig angebaut eine Warmwasseranlage mit einem Fassungsvermögen von 1000 Litern.**

speicherofen der Debag München für Großbroterzeugung mit einer Backfläche von 90 qm in Betrieb genommen wird. Der Ofen ist als Durchlaufofen ausgebildet und weist eine Länge von 30 m auf. Derzeit ist er der größte Wärmespeicherofen der Welt und dient der Erzeugung jedweden Gebäcks bis zum schwersten Schwarzbrot. Er wird auf der einen Stirnseite durch ein endloses Transportband beschickt, das von einem Elektromotor über ein regelbares Vorgelege bewegt wird. Die Speicherkerne sind so bemessen, daß über zwei Schichten gebacken werden kann. Die fertigen Brote gleiten dann an der gegenüber-

Bild 65. **Kompressor-Kühlanlage mit elektromotorischem Antrieb.**

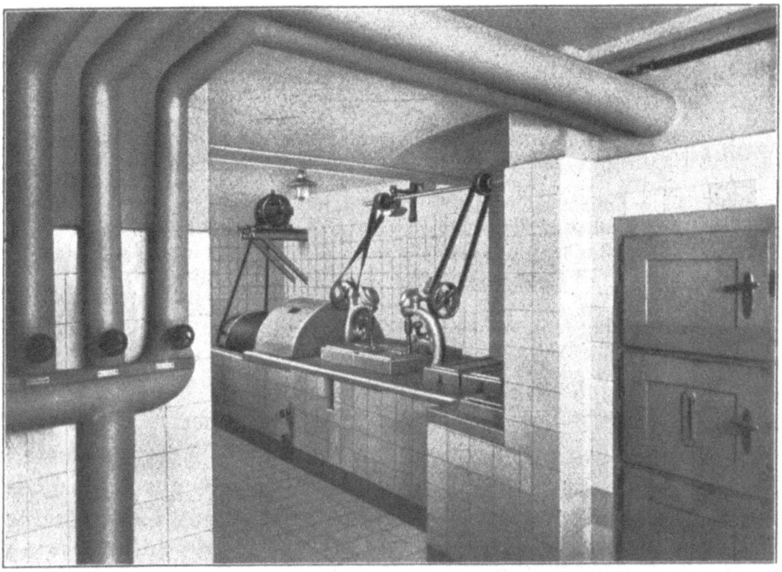

Bild 66. **Kühlanlage mit zwei Speiseeistrommeln, Konservator und Frappierschrank.**

liegenden Stirnseite ohne menschliche Hilfe in die zwei Stockwerke tiefer liegende Kühleinrichtung.

Kühleinrichtungen.

Wurden im vorstehenden die Anwendungsmöglichkeiten der Elektrizität zur Erzeugung von Wärme behandelt, so seien im folgenden noch ganz kurz einige Beispiele ihrer Dienstbereitschaft auch zur Kälteerzeugung gestreift.

Bild 65 zeigt den elektromotorischen Antrieb einer Kompressor-Kühlanlage, wie sie für größere Betriebe in Frage

Bild 67. **Kühlanlage für Konditoreibetrieb mit angebautem Eisgenerator.**

kommt. Den Verwendungsmöglichkeiten solcher Anlagen sind aber namentlich nach unten Grenzen gezogen, da sich bei geringeren Ausmaßen und somit beim Einbau in Kühlschränke, gewisse Schwierigkeiten in der Bedienung, durch Austreten von Ammoniakgasen usw., ergeben, so daß bei der Auswahl des Fabrikates einige Vorsicht geboten erscheint.

Die mit den Bildern 66 und 67 gezeigten Anlagen arbeiten mit einem Kühlautomaten, der aus zwei miteinander durch eine hohle Stahlwelle verbundenen Hartbronzetrommeln besteht und durch elektromotorischen Antrieb in Drehung versetzt wird. Die Kondensatorkugel enthält die maschinellen Teile und taucht in Kühlwasser ein, während die linsenförmige Refrigeratorkugel in Sole (Salzwasser) eintaucht und ihr durch Verdampfen einer Kälteflüssigkeit Wärme entzieht. Im Kondensator wird dieser Dampf durch Kühlwasser wieder verflüssigt und gelangt durch ein in der hohlen Welle befindliches Rohr wieder in den Verdampfer, von wo aus der Kreislauf von neuem beginnt. Das Kältemedium kann auch in kleinen Mengen nicht entweichen, so daß der Kühlautomat auch ohne Aufsicht in Betrieb gehalten werden kann. Da er sich selbsttätig einreguliert, ist er jederzeit betriebsbereit und kann auch über Nacht arbeiten. Dieser Umstand läßt die Betriebskosten erheblich vermindern, da er den billigen Nachtstrom zu verwenden gestattet. Bereits heute sind nach Angabe der Herstellerfirma über 21 000 solcher Anlagen vornehmlich in Bäckereien und Konditoreien in Betrieb gesetzt worden.

Die Elektrizität als Lichtquelle

Gute Arbeit wird nur bei gutem Licht geleistet!

Daß man sich am besten der Elektrizität als Lichtquelle bedient, bedarf keiner besonderen Begründung; denn sie nimmt auf diesem Gebiet heute schon im Wirtschafts- und Kulturleben der Völker eine überragende Stellung ein. Gutes Licht ist aber noch keineswegs gleichbedeutend mit guter Beleuchtung. Diesem Punkt aber muß der Meister größere Bedeutung beimessen, als es bisher vielfach der Fall war, denn gleichmäßig und richtig verteiltes Licht erhöht die Arbeitsleistung, erhöht

Bild 68. **Backofenlampe mit Fuß.**

Bild 69. **Backofenlampe für runde Beleuchtungsmuffen.**

die Verkaufskraft und steigert die Lebensfreude. Die Wahl der richtigen Beleuchtungsart wird zwar nur unter genauer Berücksichtigung der gegebenen örtlichen Verhältnisse und unter Anleitung von Fachleuten möglich sein, und diese wird das Elektrizitätswerk jederzeit gern zur Verfügung halten. Immerhin sollen im folgenden einige allgemeine Richtlinien aufgestellt werden, die bei der Errichtung von Beleuchtungsanlagen beachtenswert sind.

Zunächst muß man sich davon frei machen, die Beleuchtung unbedingt für gut anzusehen, wenn sie von sehr hellen Lampen ausgeht. Es kommt nicht auf den Eindruck an, den die Lichtquellen machen, sondern auf die Beleuchtungswirkung, auf deren Größe und Gleichmäßigkeit, auf Vermeidung von Kontrasten, auf Blendungsfreiheit und auf die Lichtfarbe. Selbstverständlich muß eine gute Beleuchtung hinsichtlich ihrer Stärke reichlich bemessen sein. Sie muß Helligkeitskontraste geben, die gutes Sehen und rasches Erkennen ermöglichen. Die so entstehenden Schatten sind nicht störend, sondern sie erleichtern die Erkennbarkeit unter Vermeidung der Blendung. Die Kosten für richtige Beleuchtung sind deshalb auch nicht als tote Unkosten zu verbuchen, sondern als ausgesprochen produktionsfördernde Ausgaben.

Man unterscheidet nun Allgemeinbeleuchtung und Platzbeleuchtung. Die Allgemeinbeleuchtung wird durch Lampen erzielt, die den Raum im ganzen beleuchten. Sie dient in erster

Bild 70. **Falsche und —**

Linie als Verkehrsbeleuchtung oder zugleich als Arbeits- und Verkehrsbeleuchtung.

Die Platzbeleuchtung erfolgt durch niedrige, im Handbereich angeordnete Lampen, die je nur einen bestimmten Arbeitsplatz beleuchten. In unübersichtlichen Räumen gilt sie als Zusatz zur Allgemeinbeleuchtung. Welche Beleuchtungsart jeweils zu wählen ist, hängt nicht zuletzt von der Arbeitsart und -dichte der Räume ab. Bei Allgemeinbeleuchtung kommt man mit verhältnismäßig wenigen lichtstarken Lampen aus. Mit ihr wird der Betrieb wegen ihrer größeren Wirtschaftlichkeit trotz größerer Lichtmenge meist nicht teurer als bei Einzelplatzbeleuchtung. Die mittlere Beleuchtungsstärke sollte in Bäckereien 40 bis 60 Lux betragen.

Starke Kontraste zwischen hell und dunkel sowie schwere Schlagschatten neben hellen Lichtflecken sind besonders auf den Arbeitsplätzen und den Verkehrswegen zu vermeiden, da erhebliche Ungleichmäßigkeiten, denen sich das Auge rasch hintereinander anpassen muß, selbst bei zureichender mittlerer Beleuchtungsstärke das Erkennen verhindern.

Andererseits kann die Blendung eine Beleuchtungsanlage vollkommen wertlos machen. Sie kann auch durch Lichtquellen

Bild 71. **richtige Schaufenster- und Firmenschild-Beleuchtung.**

hoher Intensität hervorgerufen werden, die nicht in der unmittelbaren Sehrichtung liegen. Hieraus folgt, daß für Platzbeleuchtung keine nackten Lampen verwendet werden dürfen. Diese Lampen müssen entweder mit diffus streuenden Hüllen umgeben sein oder sie müssen durch lichtundurchlässige Hüllen, Reflektoren o. dgl., so abgeschirmt werden, daß kein unmittelbares Licht in das Auge gelangen kann.

Im einzelnen sollen hier nur die dem Bäcker- und Konditoreigewerbe eigentümlichen Backofenlampen kurz behandelt werden. Die Bilder (68 und 69) zeigen Ausführungen dieser Lampen, Bild 68 mit Fuß zum Einstellen in die Ofennischen, Bild 69 zeigt eine Spezialausführung für runde Beleuchtungsmuffen. Zu beachten ist, daß die Griffe der Backofenlampen aus hitzebeständigem Isoliermaterial bestehen und daß der Fassungseinbau mit Berührungsschutz versehen ist. Infolge der Hitze des Ofens ist die Verwendung der sonst gebräuchlichen Gummiaderleitungen mit Baumwolle- oder Kordelbeflechtung nicht ratsam. Man sieht besser außerdem eine starke Asbestbeflechtung vor, die das Vordringen der Hitze nach dem Innern erschwert. Da die Backofentüren häufig geöffnet werden müssen, sind sie vielfach mit besonderen Schaltern ausgerüstet, die die Lampen beim Öffnen der Türen ein-, beim Schließen ausschalten. Bei den oben beschriebenen elektrischen Backöfen ist eine automatische Innenbeleuchtung fast durchweg eingebaut.

Besondere Aufmerksamkeit ist auch der Beleuchtung des Verkaufsraumes, des Schaufensters und des Firmenschildes zuzuwenden. Die Mittel zur Anregung der Kauflust sind natürlich sehr verschieden, allgemeine Bedeutung kommt in jedem Falle aber der Beleuchtung zu. Um als Anziehungsmittel zu wirken, hat sie vor allem die Aufgabe zu erfüllen, die ausgestellten Waren deutlich erkennbar zu machen und deren charakteristische Eigenschaften herauszuheben. Das gilt für Tageslicht ebenso wie für künstliches Licht. Da aber die Auslagen mit dem Wechsel der Tageszeiten nicht geändert werden können, so muß die künstliche Beleuchtung so durchgebildet sein, daß mit ihr die gleiche Wirkung erzielt wird wie mit dem Tageslicht; denn so wirkungsvoll man bei künstlicher Beleuchtung des Verkaufsraumes und des Schaufensters werben kann, so viel kann man mit ihr auch verderben. Zunächst stellt das Herausheben der Lichtquellen einen schweren ästhetischen Fehler dar, der geeignet ist, die ganze Wirkung der Schaufensterauslage illusorisch zu machen. Grelle Lichtflecke, bunte Lampen vermögen zwar von fern einen Reiz auszuüben, stören jedoch in unmittelbarer Augennähe so stark, daß sie geradezu abstoßen und die Aufmerksamkeit von den ausgestellten Waren ablenken, anstatt sie darauf hinzulenken.

Für die Schaufensterbeleuchtung ist also schlechthin jede Lichtquelle unbrauchbar, die als Lichtquelle selbst sich stark hervordrängt. Genau wie auf der Bühne soll nicht die Leuchte, sondern deren Licht den fesselnden Zauber auf den Beschauer ausüben. Man bedient sich am besten hierzu der Soffitten-Beleuchtung, die je nach der Anordnung der ausgestellten

Ware an den Seiten oder oben und unten oder an allen vier Seiten angebracht ist.

Ähnliches gilt von der Beleuchtung des Firmenschildes, das den Namen der Firma verkünden und ein Wegweiser zu ihr sein soll. Wird die Beleuchtung versäumt, so bleibt die werbende Wirkung auf die Zeit des vollen Tageslichts beschränkt. Zur Vermeidung von Fehlern gilt im wesentlichen das über die Schaufensterbeleuchtung Gesagte. Auch hier hat sich die Soffitten-Beleuchtung als zweckmäßig erwiesen. Die beiden Vergleichsbilder (70 und 71) sollen das Gesagte bestätigen.

Anhang

Die Abbildungen stellen, nach Nummern geordnet, Fabrikate nachstehend genannter Firmen dar:

Allgemeine Elektrizitäts-Gesellschaft, Berlin NW 40, Friedrich-Karl-Ufer 2—4.
Abbildungen 5, 6, 7, 8, 9, 10, 11, 12, 13, 14.

Brown, Boveri & Cie. A.-G., Mannheim-Käfertal.
Abbildungen 47, 48, 53, 54, 56, 66, 67.

Deutsche Backofenbau-Gesellschaft, München NW, Schwarzmannstraße 1—3.
Abbildungen 50, 57, 58, 59, 60, 61, 62, 63, 64.

H. Danger, Hamburg, Maurienstr. 8—10.
Abbildungen 15, 21, 30, 32, 33, 34, 36, 37, 41, 42, 43.

Gebr. Hannemann & Co. G. m. b. H., Düren (Rhld.).
Abbildungen 68, 69.

Prometheus, Aktiengesellschaft für elektr. Heizeinrichtungen, Frankfurt a. Main-West, Falkstr. 2.
Abbildung 44.

Siemens Elektrowärme-Gesellschaft m. b. H., Sörnewitz bei Meißen i. Sa.
Abbildung 49.

Werner & Pfleiderer, Maschinenfabrik, Cannstatt-Stuttgart.
Abbildungen 1, 4, 16, 17, 18, 19, 20, 22, 23, 24, 25, 27, 28, 29, 31, 35, 38, 39, 40, 45, 51 a und b, 52.

Sachregister

A. Seite

Allgemeine Beleuchtung 64
Anker, Drehstrom. 15
Anker, Gleichstrom 15
Anlage für Teigverarbeitung . . 30
Anlasser 17
Anschlußkasten 54
Antriebsart. 18
Auspreß- und Ausstechmaschine 33

B.

Backöfen. 35
Backofenlampe 63
Backofen, transportabel 44
Backofentemperatur. . .52, 49, 40
Belastungskurve 10
Beleuchtung 63
Beleuchtungsstärke 64
Brötchen-Wirkmaschine 30
Brotteig-Wirk- und Teilmaschine 28
Bürsten-Siebmaschine 22

D.

Dekoriermaschine 34
Drehstrommotor 14
Dunstklappe 55

E.

Einzelantrieb 34, 19
Elektro-Backofen 35
Elevator 8

F.

Firmenschild-Beleuchtung . . . 64
Frappierschrank 60

G.

Gärschrank. 47
Getreideanfuhr 8
Getreideentladung. 8
Gleichstrommotor 17
Gruppenantrieb 34, 19

H. Seite

Heizelemente 36
Hörnchen-Wickelmaschine . . . 19

K.

Kaffeebrotschneider 34
Kälteerzeugung 61
Kettenofen 38
Knet- und Mischmaschine . . . 24
Kollektor. 17
Kompressor. 60
Konditorofen 37, 45
Kontakt-Pyrometer 41
Kraftquelle 13
Kühlanlage 60
Kühlautomat 61
Kühlschrank 61
Kurzschlußanker 15

L.

Langrollapparat. 28
Lichtquelle 63

M.

Mehlaufbereitung 21
Mischmaschine 23
Mehlmisch- und -siebmaschine . 23
Metallanlasser. 17
Motorbauart 16
Motorgehäuse. 14
Motorschaltkasten 17
Motorschutzschalter 17

N.

Nachdruck 55
Nachtstrom. 10

P.

Platzbeleuchtung 64
Pyrometer, Spezial- 41

R. Seite

Raumbeleuchtung 64
Reflektor 65
Rühr- und Schlagmaschine . . . 30

S.

Sack-Ausklopfmaschine 23
Sauerrührer 27
Selbsttätige Temperaturregelung 42
Speicherkern 48
Speiseeistrommel 61
Soffitten 66

Sch.

Schalttafel 52
Schaufensterbeleuchtung 64
Schleifringanker 15
Schleifringe, außenliegende, gekapselte 14
Schmalzkuchenofen, automatischer 43
Schnittgebäckmaschine 32
Schwadenapparat 57

St. Seite

Stromart 13
Stromverbrauch . . . 42, 46, 51, 58

T.

Tagesstromofen 37
Teigbereitung 24
Temperaturverlauf im Backofen 49

V.

Verbundofen 36
Verkehrsbeleuchtung 64

W.

Waffelbackofen 42
Wärmeaufladung 51
Wärmeisolation 51
Wärmekapazität 51
Wärmemenge 51
Wärmequelle 35
Wärmespeicherofen 47
Warmwasserbereitung 57

Z.

Zwiebackschneider 34

FSC
www.fsc.org
MIX
Papier | Fördert
gute Waldnutzung
FSC® C083411

Zeitfracht Medien GmbH
Ferdinand-Jühlke-Straße 7
99095 Erfurt, Deutschland
produktsicherheit@kolibri360.de